Permanent Wave Workbook

퍼머넌트 웨이브 실전 워크북

구민사

CONTENTS

01 이론편

02 실전대비편

03 실전편 Ⅰ : 퍼머넌트 웨이브의 시술 단계

CONTENTS

04 실전편 II : 콜드 퍼머넌트 웨이브

05 실전편 III : 히팅 퍼머넌트 웨이브

06 실전편 Ⅳ : 살롱 퍼머넌트 웨이브

07 부록 Ⅴ : 퍼머넌트 웨이브 디자인 유형

08 부록 Ⅵ : 미용사(일반) 기능사 국가기술자격기준

(헤어 퍼머넌트 웨이브 편)

01

이론편

Permanent Wave Workbook

1 모발의 이해

부속기관인 털 중 모발은 두피의 각질층이 변화해서 생긴 섬유성 단백질인 케라틴으로 구성된 죽은 세포를 말하며 촉각이나 통각을 전달하고 외부의 화학적, 기계적 자극으로부터 두피를 보호하는 기관이다.

1) 모발의 구조

구분	내용
모표피	
모피질	
모수질	

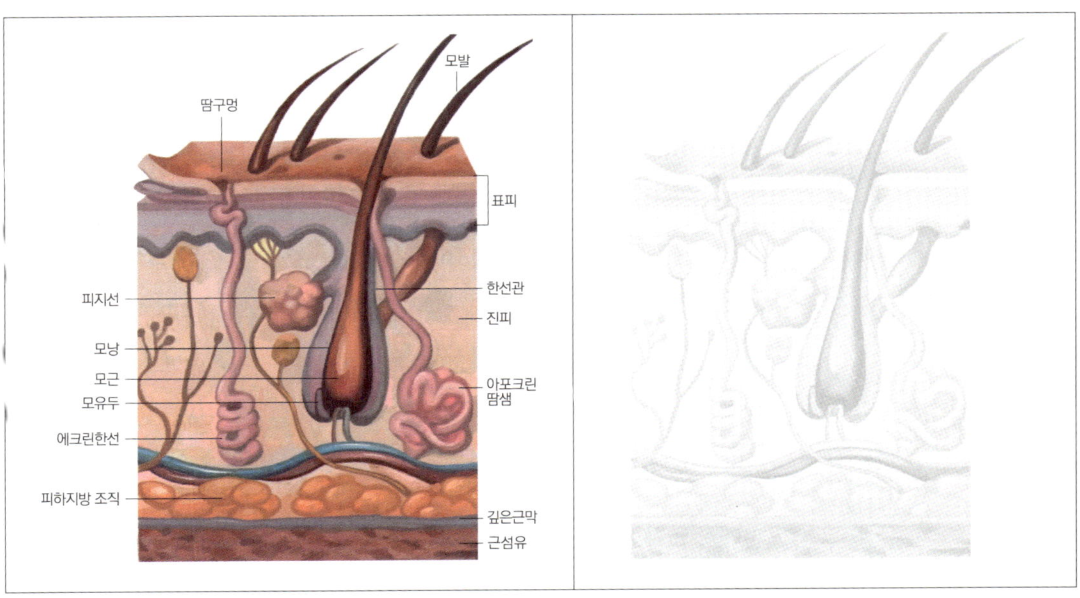

그림을 따라 그려봅시다.

[그림 1-1] 모발의 구조

2) 모발과 pH

pH란 수소이온농도지수(power of hydrogen ions)로서 산성, 중성, 알칼리성 등의 단위를 측정하며, 산에는 공통적으로 수소가 들어있는 반면에 염기에는 수산화이온이 들어 있다.

수소이온과 수산화이온의 농도가 같으면 중성, 수소이온 농도가 높으면 산성, 수산화이온 농도가 높으면 알칼리성이라고 한다. 수소이온 농도의 변화에 따라 모발의 손상정도가 달라지므로 산과 염기의 농도는 매우 중요하다.

건강한 모발은 약산성으로 pH는 4.5 ~ 5.5로 모발에 손상이 없는 상태를 말하며, 강산성은 섬유조직의 파괴없이 모발을 거칠게 한다. 알칼리성의 경우 점차적으로 팽윤도는 커지게 되지만 pH10 이상이 되면 모발이 심하게 팽윤・연화되어 손상된다. 약알칼리성은 모발을 부드럽게 해서 부풀리고 큐티클 층을 거칠게 하고, 강알칼리성은 섬유조직을 파괴시킨다.

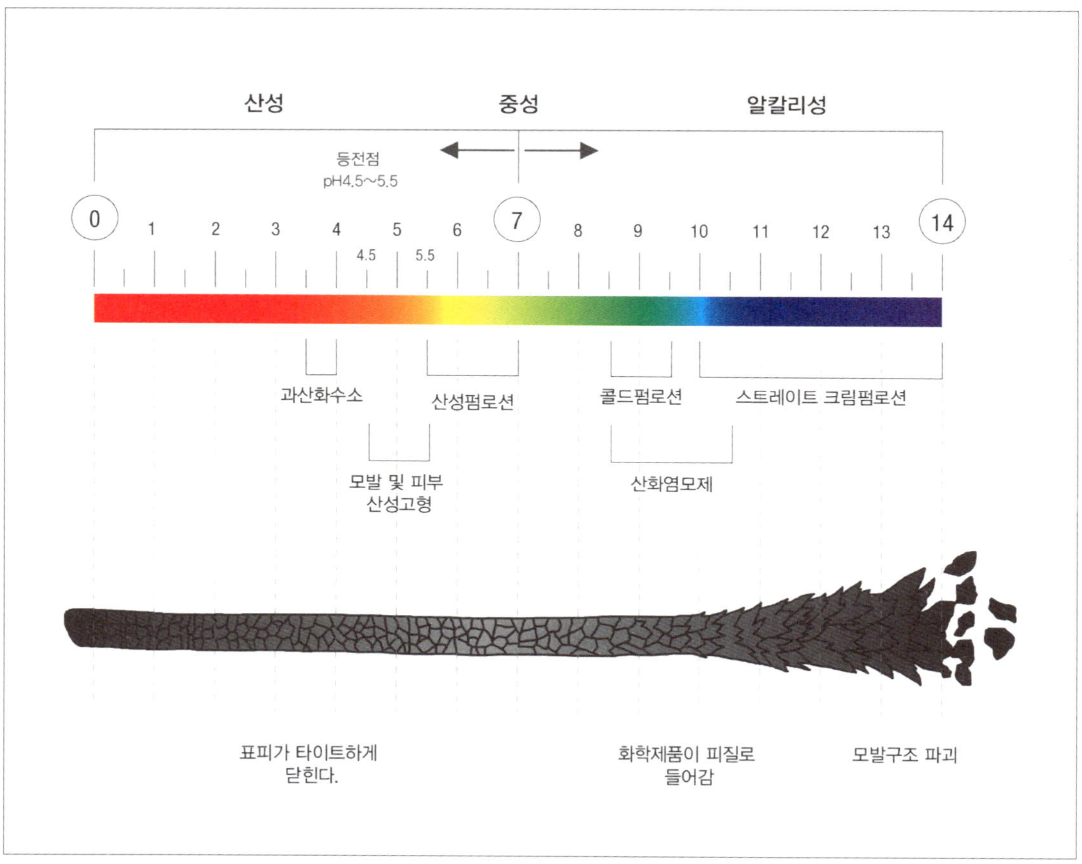

[그림 1-2] 모발과 pH

3) 모발의 결합에 따른 특성

모발은 케라틴(keratin)이라는 단백질로 구성되어 있으며, 케라틴의 주성분은 아미노산으로 탄소(carbon) 50~60%, 산소(oxygen) 25~30%, 수소(hydrogen) 4~5%, 질소(nitrogen) 8~12%, 황(sulfur) 2~5%, 수분(water) 8~10%, 멜라닌 색소(melanin pigment) 1~3% 등으로 구성되어 있으며, 약 18종의 아미노산이 사슬모양의 펩티드 결합으로 길게 연결되어 폴리펩티드 구조를 이룬다.

모발에 퍼머넌트 웨이브를 형성시키려면 모발의 측쇄결합 중 가장 강한 결합인 시스틴 결합을 절단해야 웨이브 형성이 용이하다.
시스틴 결합은 매우 안정된 상태이며, 물, 알코올, 약산성에 비교적 강한 저항력이 있으나 알칼리성 물질에는 약하여 알칼리의 작용을 받으면 시스틴 결합이 절단되는 성질이 있다.

(1) 주쇄결합(Polypeptide)

천연 아미노산에는 20종류가 있는데, 이 아미노산들이 펩티드(peptide) 결합이라고 하는 화학결합으로 서로 연결되어 있다. 이렇게 길게 사슬 모양으로 연결된 것을 주쇄결합(polypeptide)이라고 한다.

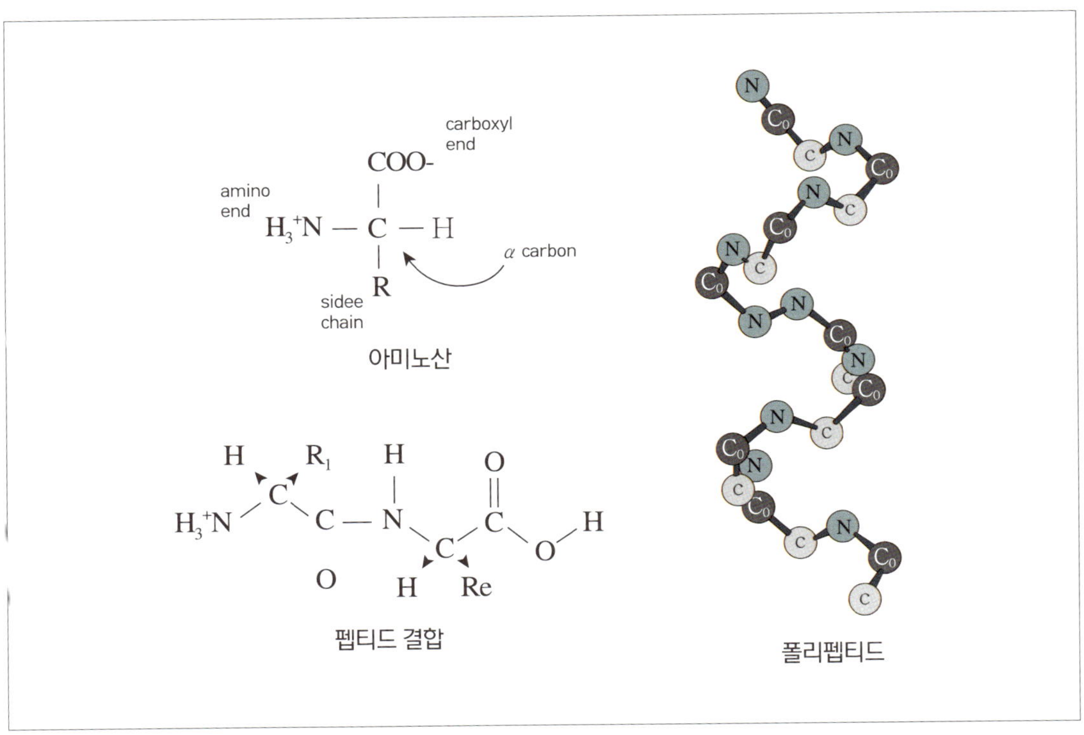

[그림 1-3] 주쇄결합의 기본 구조식

(2) 측쇄결합(Side bond)

염(이온) 결합, 펩티드 결합, 시스틴 결합, 수소 결합 등은 폴리펩티드가 가지고 있는 측쇄와 인접한 폴리펩티드가 가지고 있는 측쇄가 서로 교차 연결된 수백만 개의 폴리펩티드 결합으로 구성되어 있다.

구분	내용
염(이온) 결합	
펩티드 결합	
시스틴 결합	
수소 결합	

2 퍼머넌트 웨이브의 이해

1) 퍼머넌트 웨이브의 원리

퍼머넌트 웨이브의 화학적 원리는 자연적인 상태에서 쉽게 절단되지 않던 시스틴 결합은 퍼머넌트 웨이브의 환원제에 의해 절단되어 불안정한 시스테인을 형성(환원작용)하고, 산화제를 도포하면 불안정했던 시스테인이 새로운 시스틴 결합으로 형성(산화작용)되면서 웨이브가 고정된다.

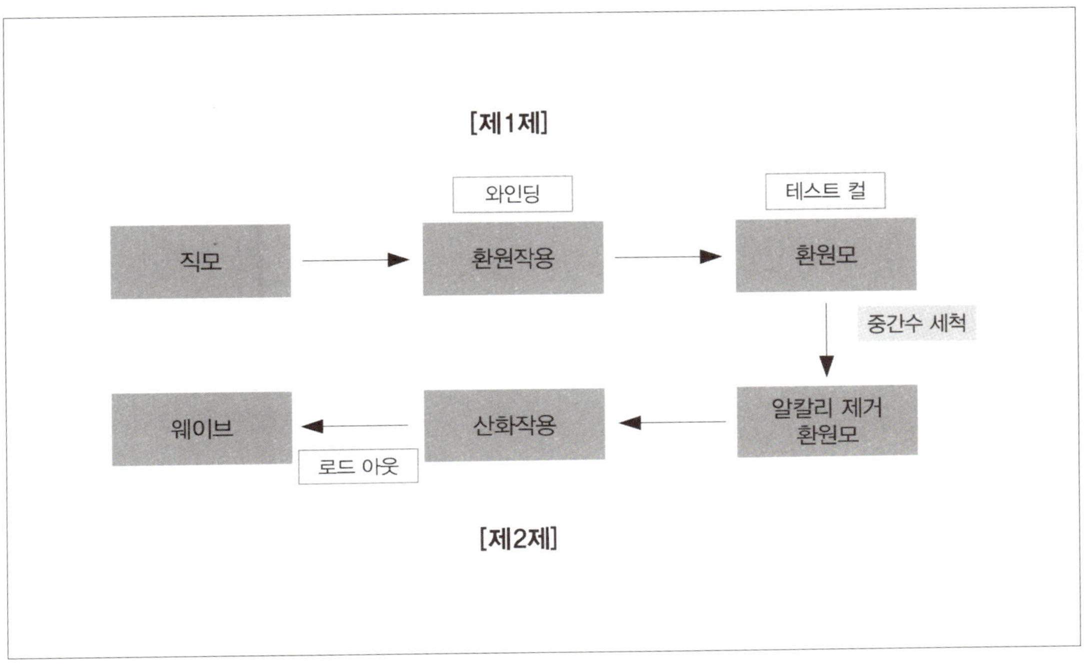

[그림 1-4] 퍼머넌트 웨이브의 원리

2) 퍼머넌트 웨이브제의 원리와 구성성분

구분	환원작용 (제1제)	산화작용 (제2제)
원리		
구성성분		

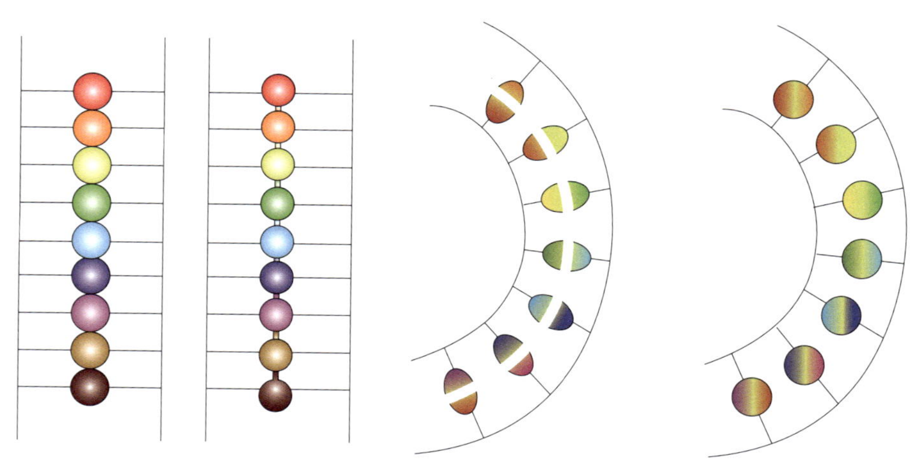

[그림 1-5] 퍼머넌트 웨이브제의 원리

MEMO

02

실전대비편

Permanent Wave Workbook

1 두상의 포인트와 영역

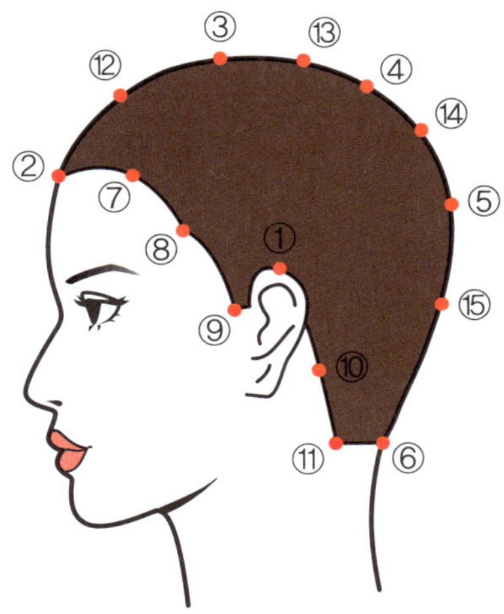

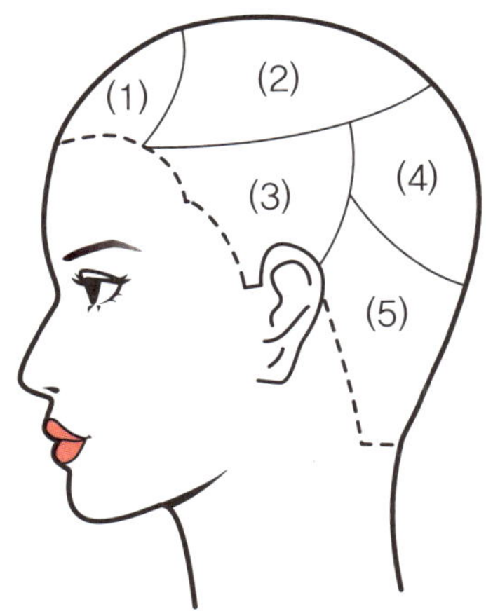

포인트	영역
①	(1)
②	(2)
③	(3)
④	(4)
⑤	(5)
⑥	
⑦	
⑧	
⑨	
⑩	
⑪	
⑫	
⑬	
⑭	
⑮	

2 각도와 볼륨

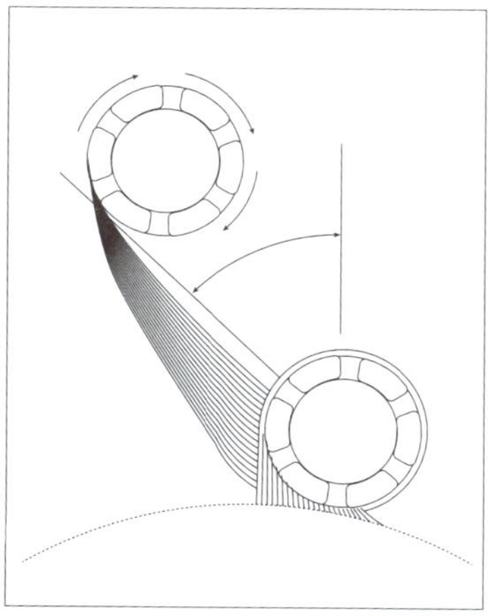
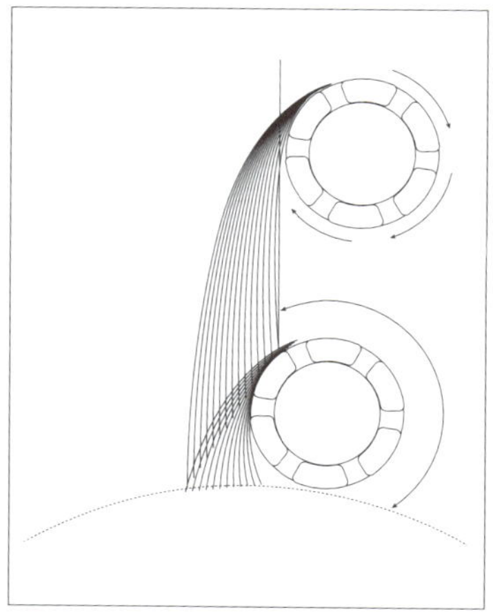
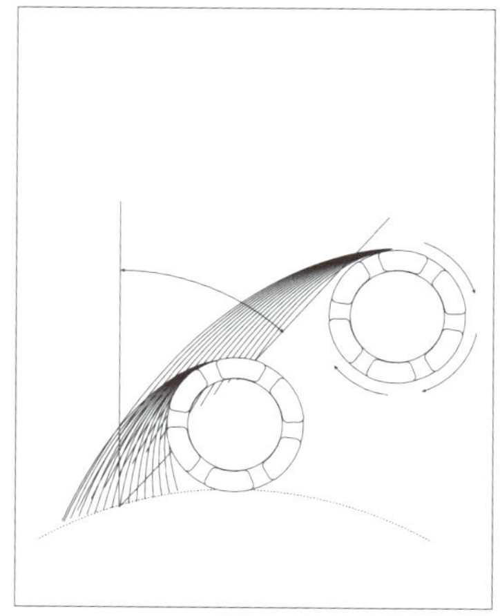

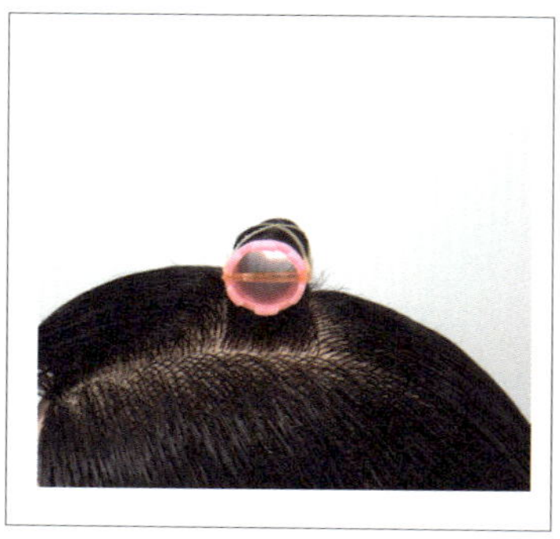
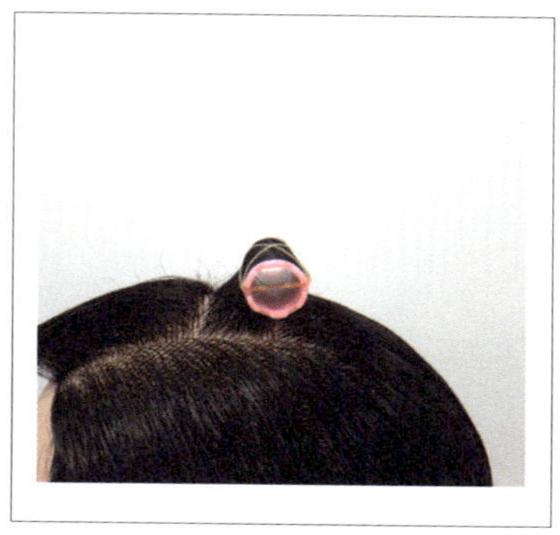
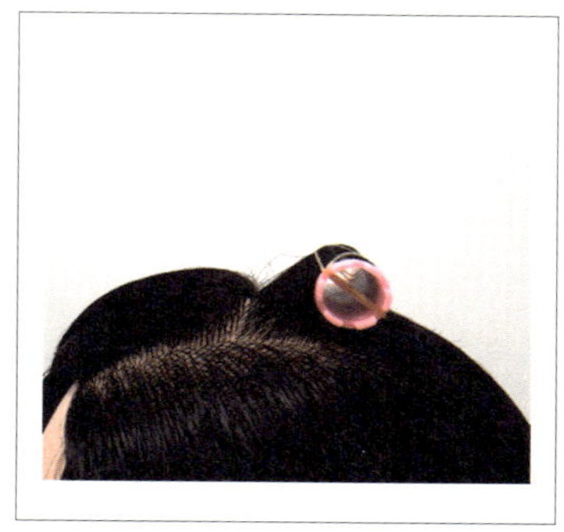

온 베이스 (on base)	하프 오프 베이스 (half off wave)	오프 베이스 (off base)

3 질감의 차이

1) 기법에 따른 질감의 차이

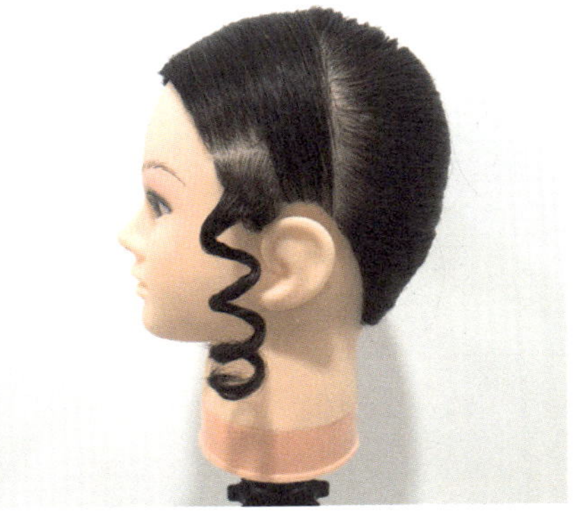

크로키놀식 와인딩 기법	스파이럴식 와인딩 기법

2) 로드의 크기에 따른 질감의 차이

동일한 모발의 길이에서 로드의 크기에 따라 모발의 질감은 달라진다. 로드의 크기가 작을수록 모발의 리지 간격이 좁아지면서 엑티베이트(activated)한 웨이브를 가질 수 있다. 반면, 로드의 크기가 클수록 리지의 간격이 넓어지면서 언엑티베이티드(unactivated)한 웨이브를 가진다.

2호 디자인 로드	6호 디자인 로드	10호 디자인 로드
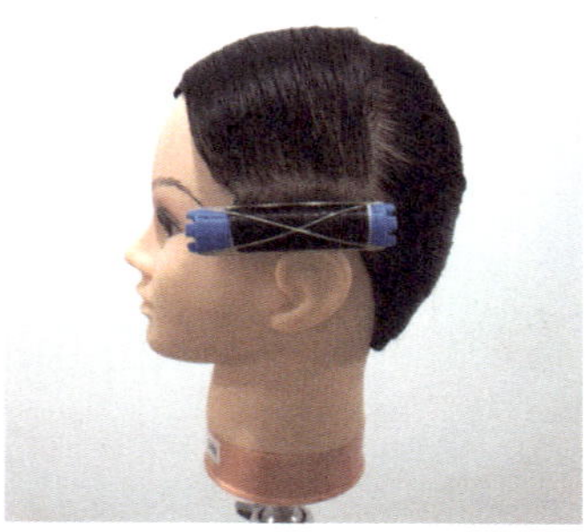	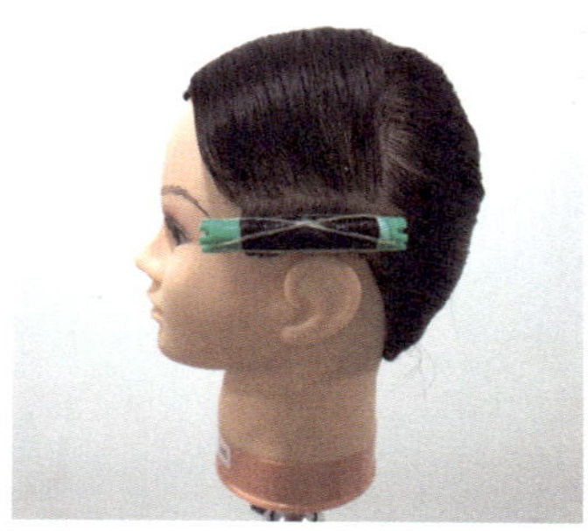	

섀도 웨이브 (shadow wave)	와이드 웨이브 (wide wave)	내로 웨이브 (narrow wave)

4 퍼머넌트 웨이브의 도구

로드

열기구 로드

롤

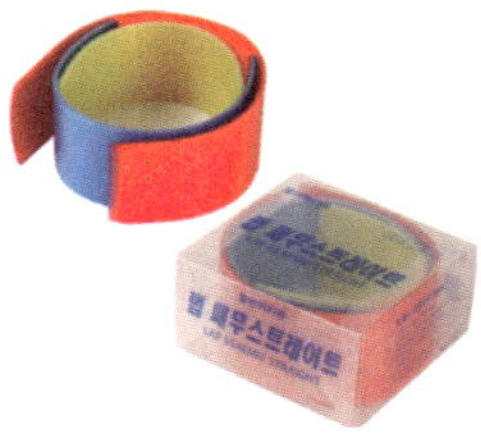
스트레이트 판넬

엔드 페이퍼

고무밴드

스틱

꼬리빗

헤어밴드

비닐캡

클립

분무기

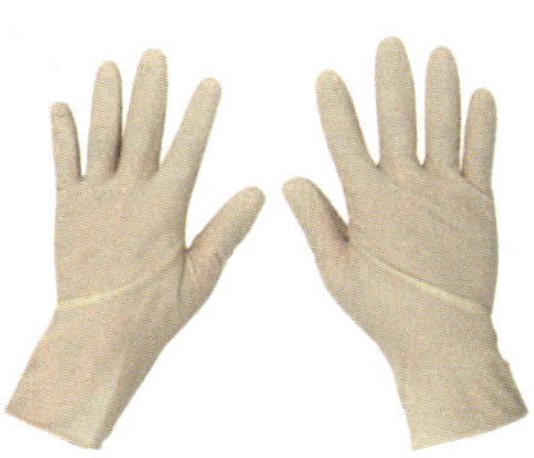
고무장갑

헤어마네킹 및 홀더

타월

5 퍼머넌트 웨이브의 기법

1) 엔드 페이퍼 기법

엔드 페이퍼는 두발이 로드에서 빠져 나오지 않으면서 와인딩할 수 있도록 하고 두발의 길이가 일정하지 않을 경우에도 와인딩하기 쉽게 한다. 두발 끝이 꺾어지거나 두발 손상을 줄여주며 두발에 환원제가 지나치게 흡수되는 것을 막고, 컬과 웨이브가 고르고 매끄럽게 단일한 컬이 형성되도록 한다.

단면

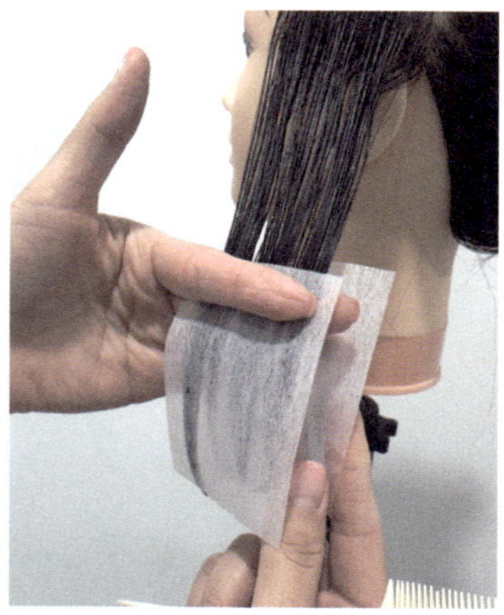

양면

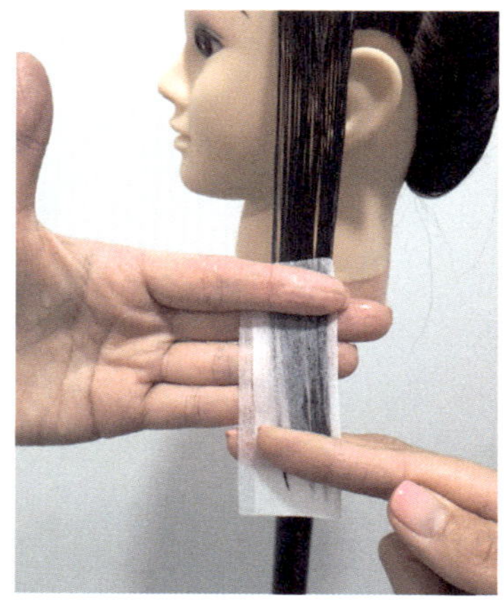

접이형

2) 고무 밴딩 기법

고무 밴딩은 두발에 와인딩된 로드를 고정하는 기구로서 밴딩의 기법은 크게 3가지로 나뉜다. 고무 밴딩 시 두피 가까이 바짝 붙여 고정시키게 되면 고무줄 부위가 팽윤되어 자국이 생기고 끊어질 가능성이 있으므로 두피에서 0.5cm 정도 여유를 두고 밴딩을 해야 한다.

일자(-)형

X자형

혼합형

3) 와인딩 기본 손동작

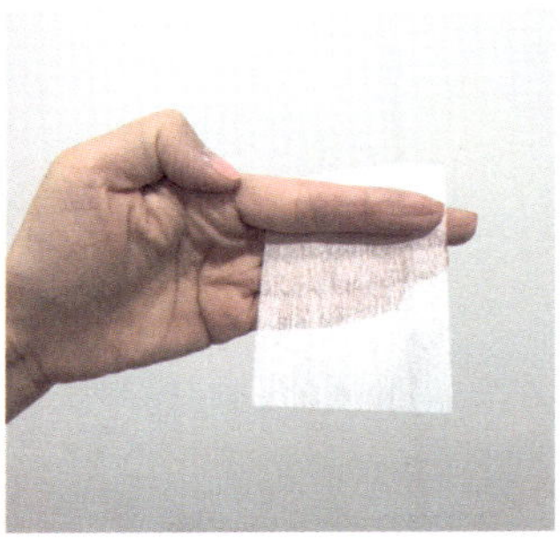

엔드 페이퍼 잡기

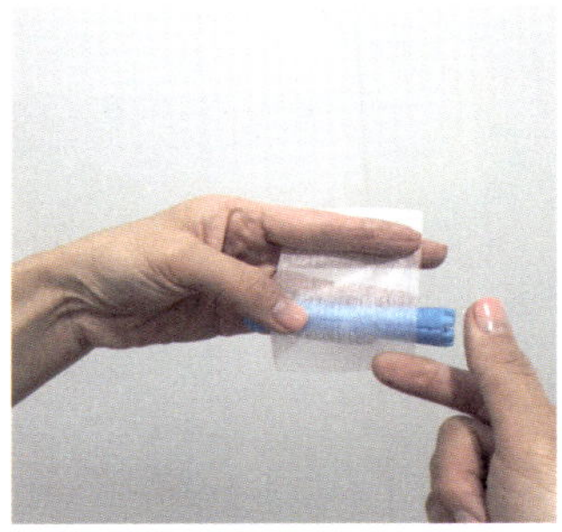

로드 올리기

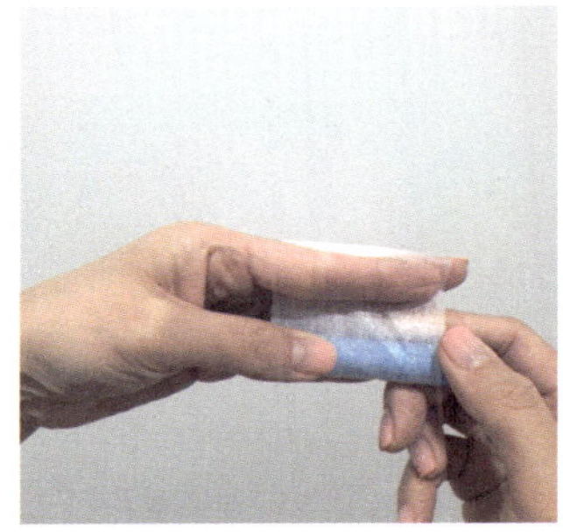

와인딩

4) 크로키놀식 와인딩

(1) 기본형

엔드 페이퍼 잡기

로드 올리기

와인딩

(2) 인덴테이션형

엔드 페이퍼 잡기

로드 올리기

와인딩

5) 스파이럴식 와인딩

(1) 모근시작(트위스트형)

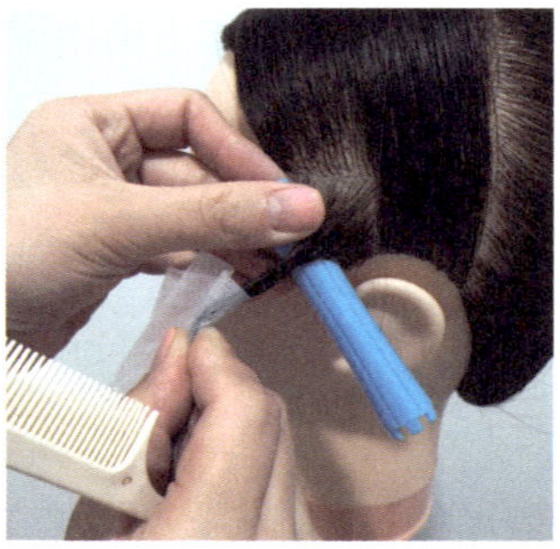

엔드 페이퍼 잡기

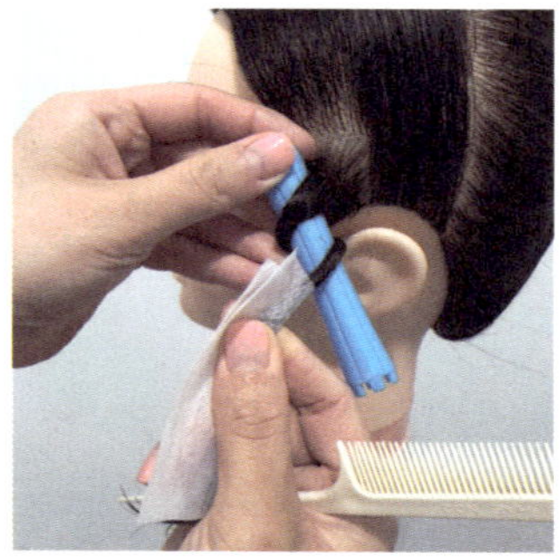

로드 올리기

와인딩

(2) 모선시작(트위스트형)

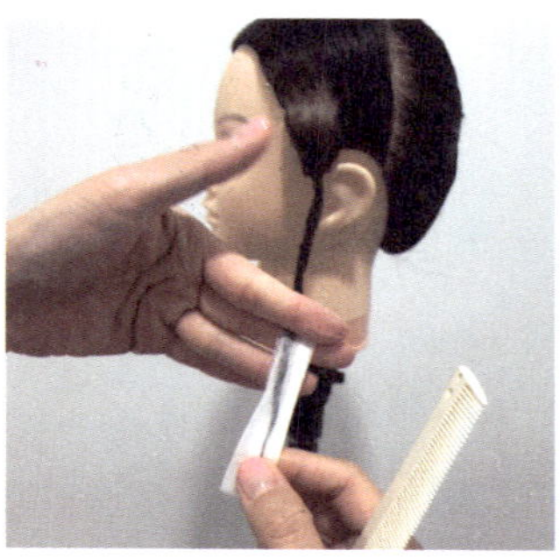

엔드 페이퍼 잡기

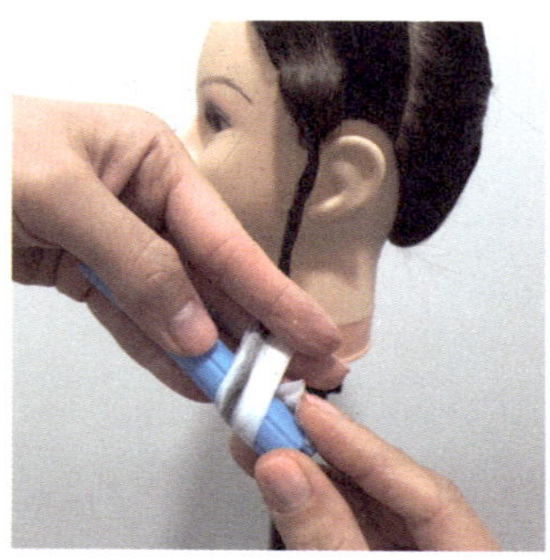

로드 올리기

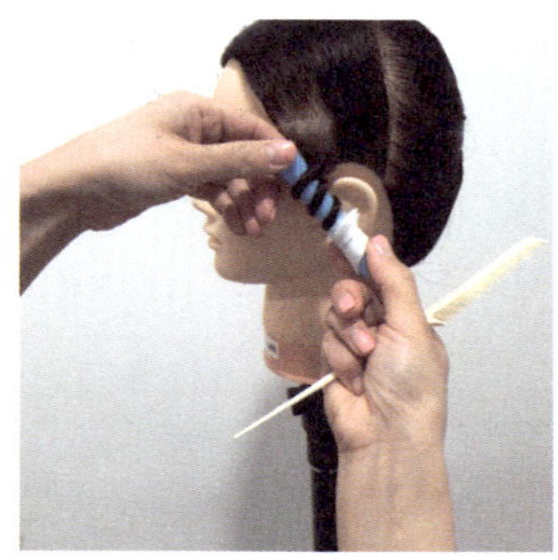

와인딩

MEMO

03

실전편 I

퍼머넌트 웨이브의 시술 단계

Permanent Wave Workbook

1 퍼머넌트 웨이브 시술과정

1) 콜드 퍼머넌트 웨이브

카운슬링 및 모발 진단

⬇

프레샴푸

⬇

전처리제 도포

⬇

제1제 도포

⬇

와인딩

⬇

프로세스 타임

⬇

테스트컬 & 중간세척

⬇

프로세스 타임

⬇

로드 아웃

⬇

린스 & 트리트먼트

⬇

스타일링

시술과정에 따른 세부 내용 정리

2) 히팅 퍼머넌트 웨이브

카운슬링 및 모발 진단

⬇

프레샴푸

⬇

전처리제 도포

⬇

제1제 도포(연화)

⬇

연화 테스트

⬇

(세척 시 중간 전처리)

⬇

와인딩

⬇

프로세스 타임

⬇

테스트컬 & 중간세척

⬇

제2제 도포

⬇

프로세스 타임

⬇

로드 아웃

⬇

린스 & 트리트먼트

⬇

스타일링

시술과정에 따른 세부 내용 정리

2 도구준비

1) 콜드 퍼머넌트 웨이브 준비

세팅	준비도구
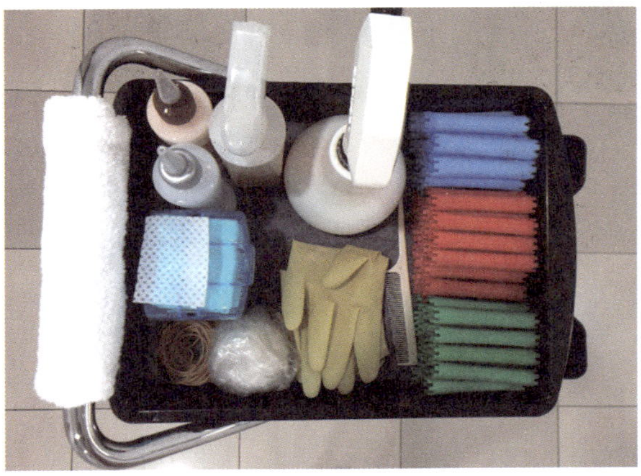	

2) 히팅 퍼머넌트 웨이브 준비

세팅	준비도구
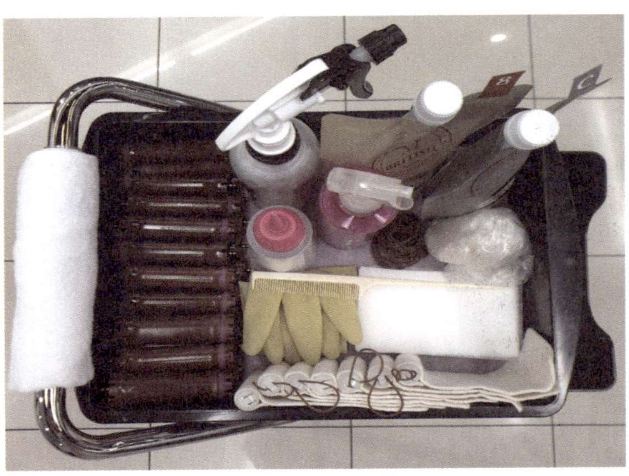	

3 전처리

모발의 진단에 따라 손상도를 파악하고 손상정도에 따라 전처리용 트리트먼트로 프레 트리트먼트(pre-treatment) 처리한다. 이는 건강하고 균일한 웨이브를 완성하는 데 매우 중요한 과정이다.

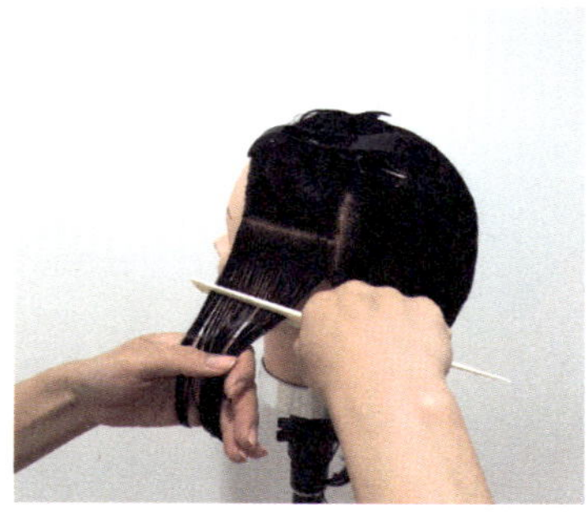

4 연화

모발의 위치 및 손상도에 따라 펌제의 반응이 다르기 때문에 건강모, 약손상모, 손상모 별로 다르게 도포한다. 희망하는 결과를 얻을 수 있도록 도포 및 방치 시간의 적용이 필요하다.

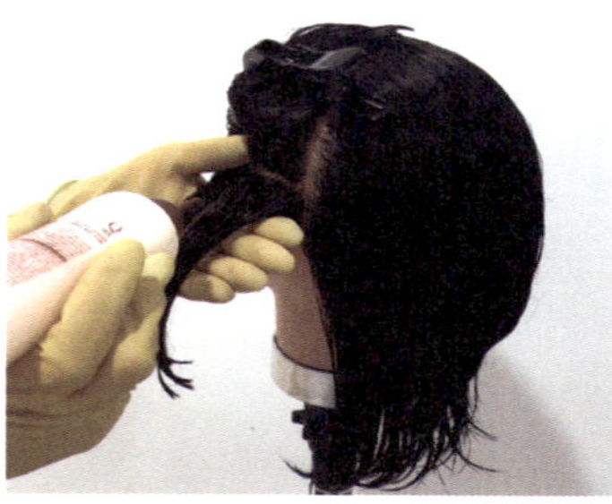
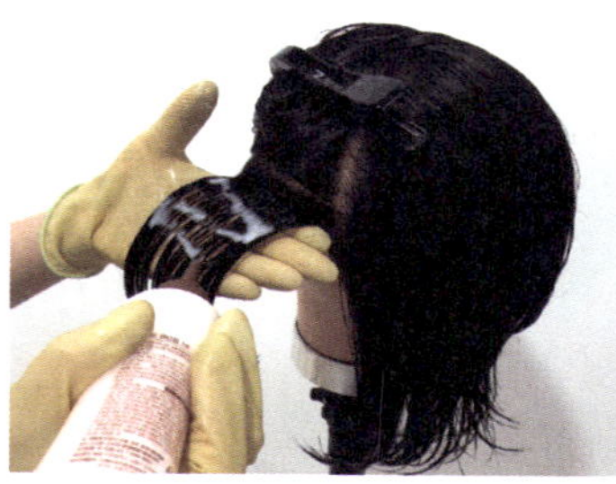
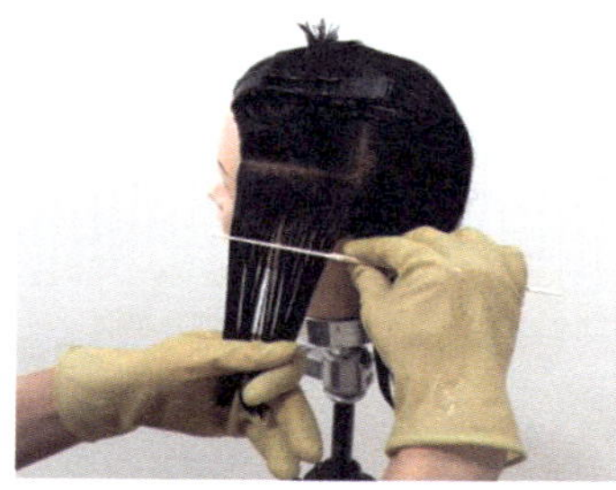

5 블로킹

실습 사진	실습 사진	실습 사진
9등분	7등분	5등분

6 섹션

1. 가로 (horizontal)	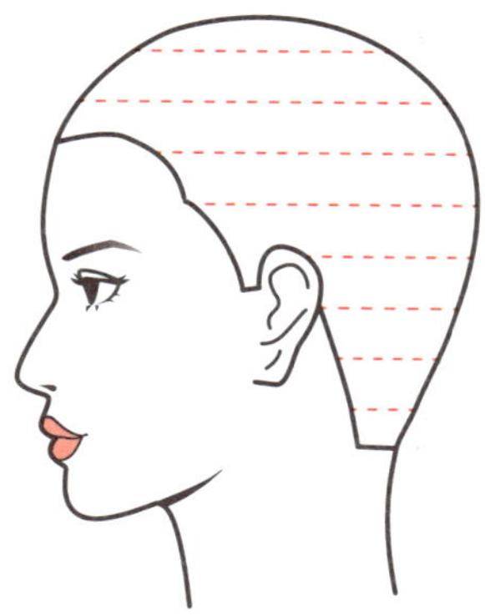	실습 사진
2. 세로 (vertical)	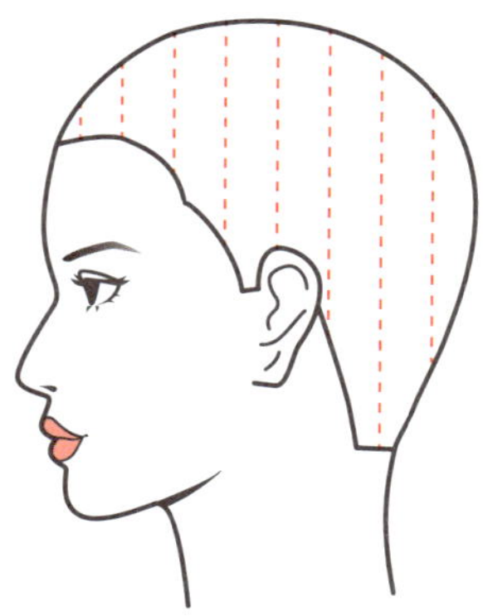	실습 사진
3. 사선 (diagonal)	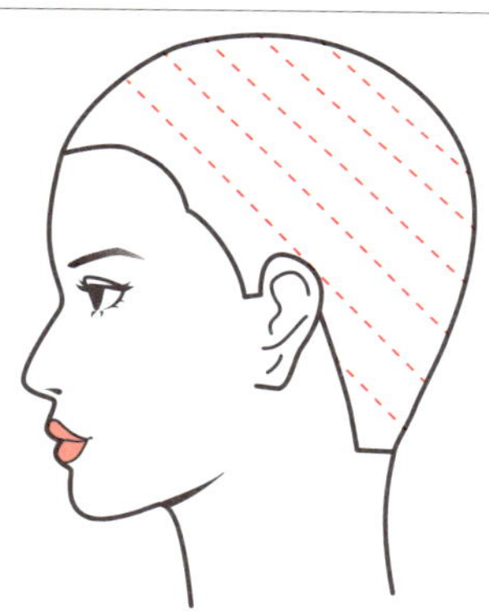	실습 사진
4. 지그재그 (zigzag)	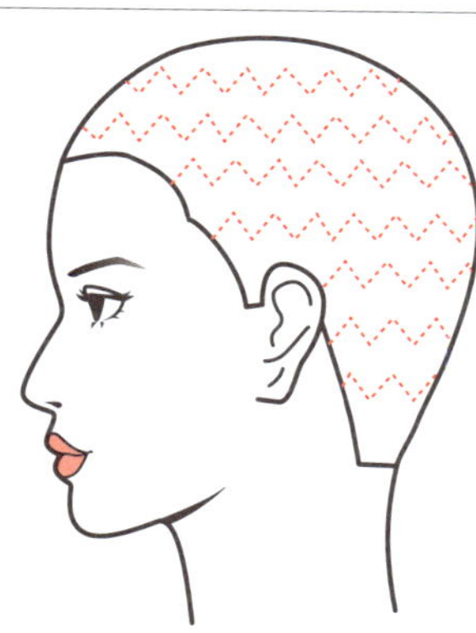	실습 사진

MEMO

04

실전편 II

콜드 퍼머넌트 웨이브

Permanent Wave Workbook

1 크로키놀식 퍼머넌트 웨이브

1) 기본형

(1) 올백형

크로키놀식(기본형) 퍼머넌트 웨이브 : 올백형

카운슬링 및 모발 진단 → 프레샴푸 → 전처리제 도포 → 제1제 도포 → 와인딩 → 프로세스 타임 → 테스트컬 및 중간세척 → 제2제 도포 → 프로세스 타임 → 로드 아웃 → 린스 & 트리트먼트 → 스타일링

테크닉 포인트

-
-
-
-
-
-

MEMO

크로키놀식(기본형) 퍼머넌트 웨이브 : 올백형 프로세스

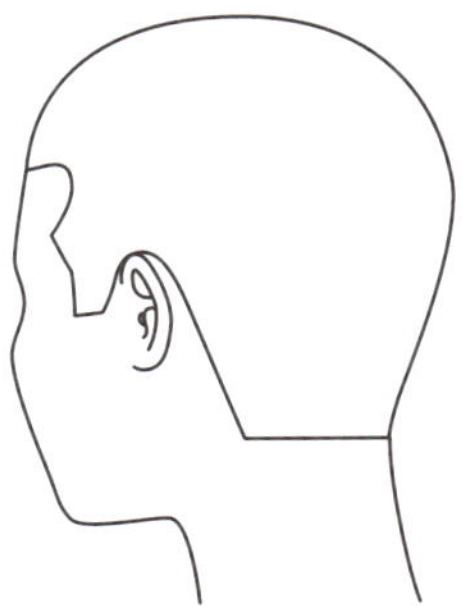

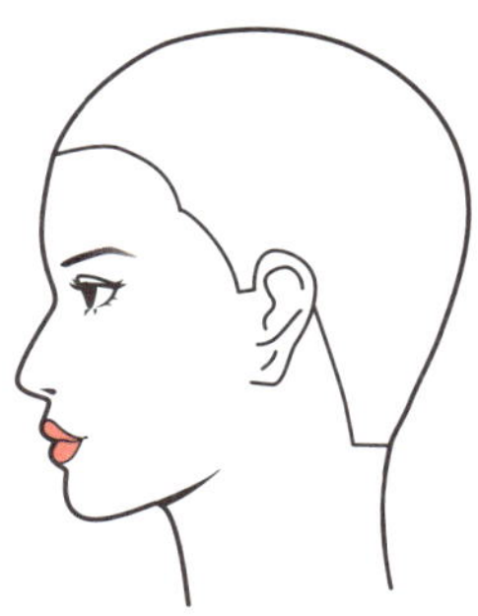

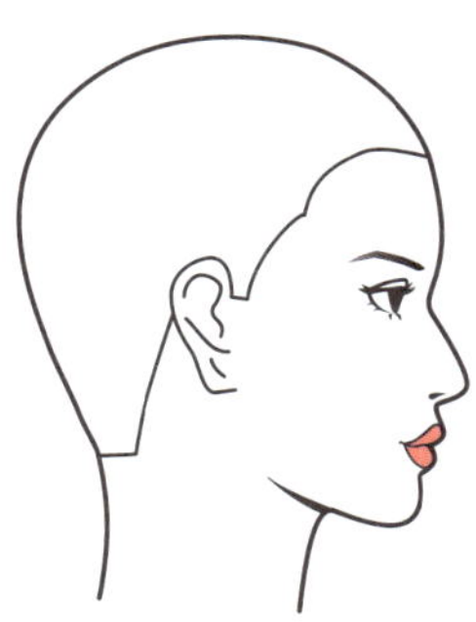

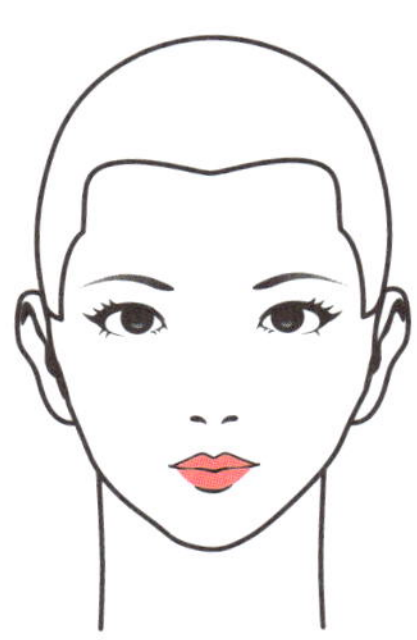

크로키놀식(기본형) 퍼머넌트 웨이브 : 올백형 프로세스

실습 사진 앞	실습 사진 뒤
실습 사진 좌측면	실습 사진 우측면

실습 후 느낀점

(2) 벽돌형

크로키놀식(기본형) 퍼머넌트 웨이브 : 벽돌형

카운슬링 및 모발 진단 → 프레카운슬링 및 모발 진단 → 프레샴푸 → 전처리제 도포 → 제1제 도포 → 와인딩 → 프로세스 타임 → 테스트컬 및 중간세척 → 제2제 도포 → 프로세스 타임 → 로드 아웃 → 린스 & 트리트먼트 → 스타일링

테크닉 포인트

-
-
-
-
-
-
-
-

크로키놀식(기본형) 퍼머넌트 웨이브 : 벽돌형 프로세스

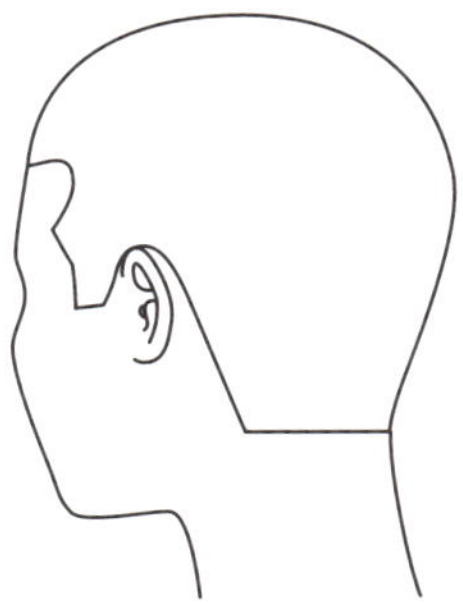

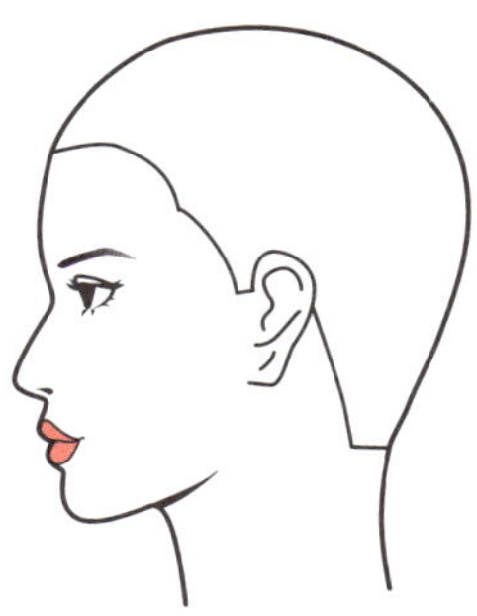

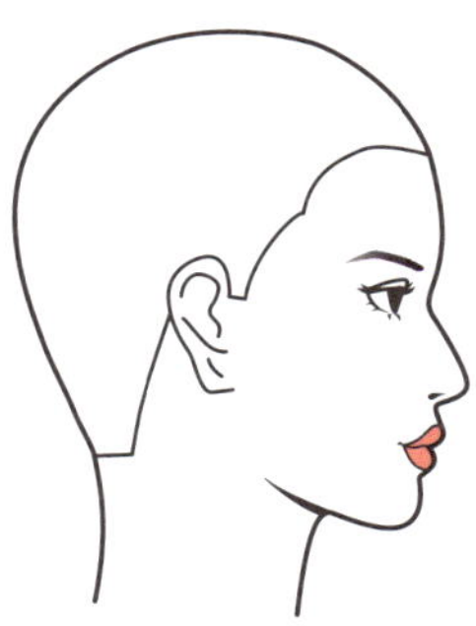

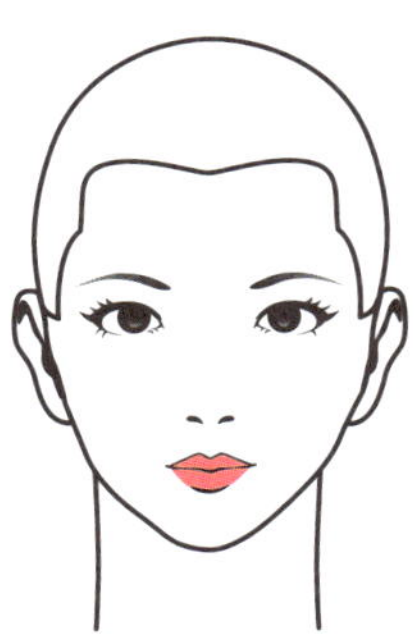

크로키놀식(기본형) 퍼머넌트 웨이브 : 벽돌형

실습 사진 앞	실습 사진 뒤
실습 사진 좌측면	실습 사진 우측면

실습 후 느낀점

(3) 뿌리퍼머형

크로키놀식(기본형) 퍼머넌트 웨이브 : 뿌리퍼머형

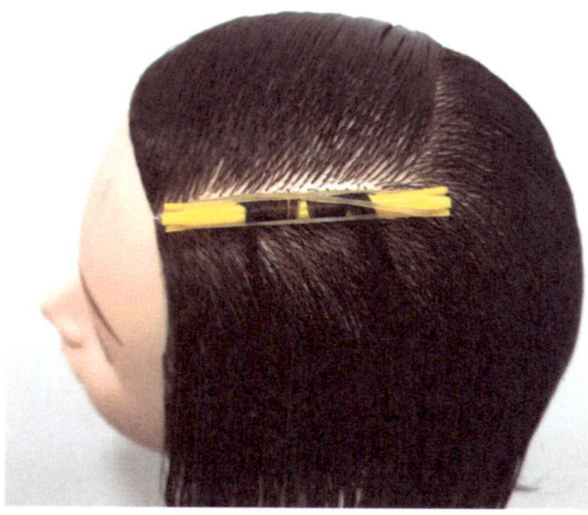

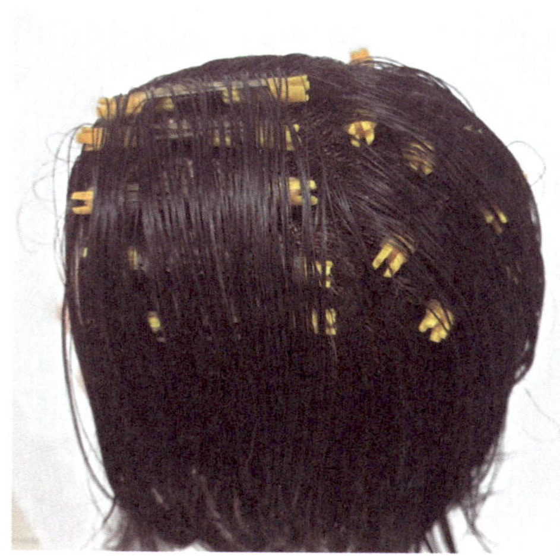

카운슬링 및 모발 진단 → 프레샴푸 → 전처리제 도포 → 제1제 도포 → 와인딩 → 프로세스 타임 → 테스트컬 및 중간세척 → 제2제 도포 → 프로세스 타임 → 로드 아웃 → 린스 & 트리트먼트 → 스타일링

테크닉 포인트

-
-
-
-
-
-
-
-

크로키놀식(기본형) 퍼머넌트 웨이브 : 뿌리퍼머형 프로세스

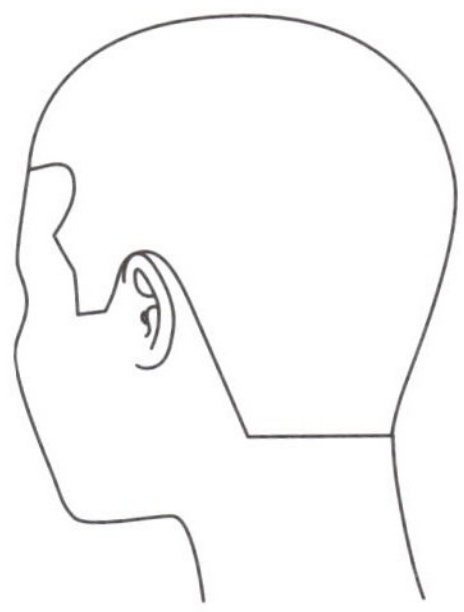

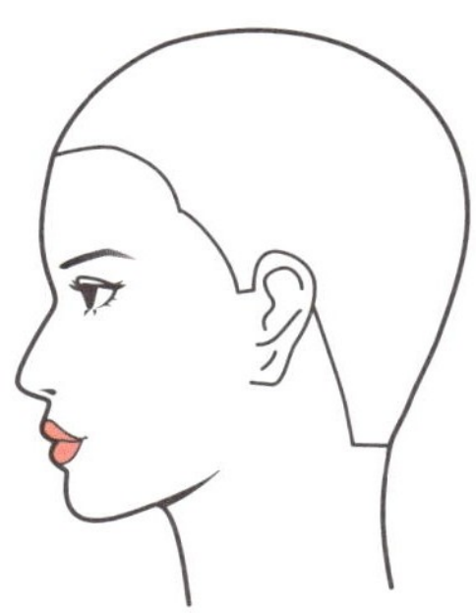

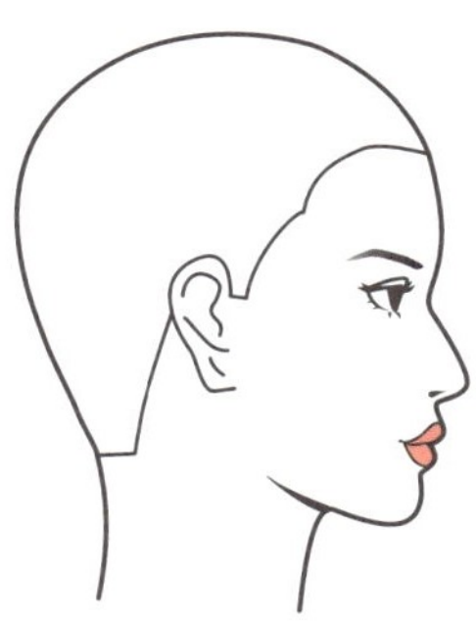

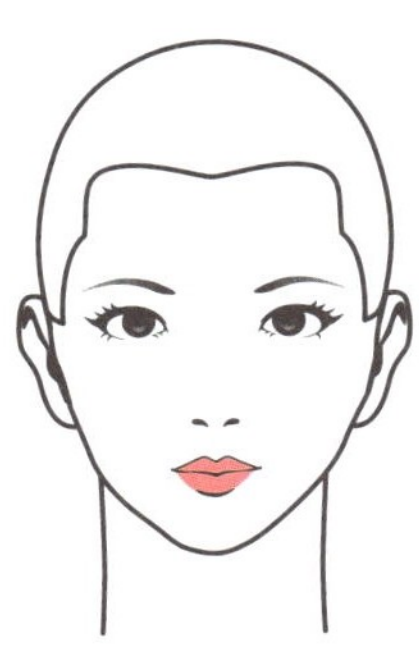

크로키놀식(기본형) 퍼머넌트 웨이브 : 뿌리퍼머형

실습 사진 앞	실습 사진 뒤
실습 사진 좌측면	실습 사진 우측면

실습 후 느낀점

2) 수직말기

크로키놀식 퍼머넌트 웨이브 : 수직말기

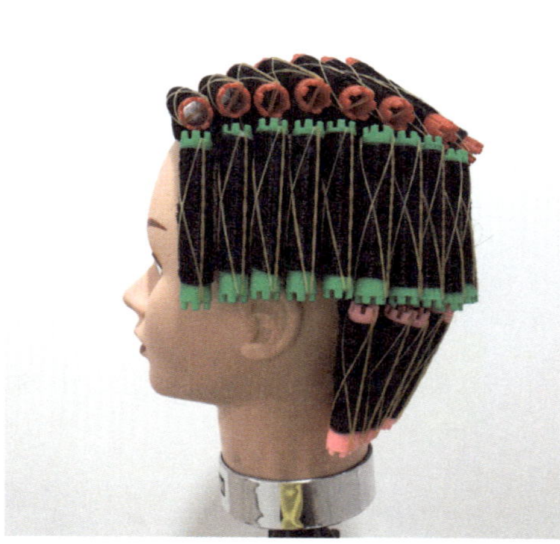

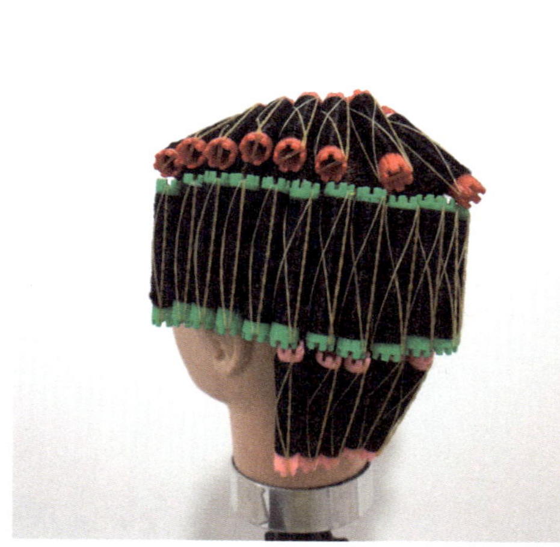

카운슬링 및 모발 진단 → 프레샴푸 → 전처리제 도포 → 제1제 도포 → 와인딩 → 프로세스 타임 → 테스트컬 및 중간세척 → 제2제 도포 → 프로세스 타임 → 로드 아웃 → 린스 & 트리트먼트 → 스타일링

테크닉 포인트

-
-
-
-
-
-
-
-

크로키놀식 퍼머넌트 웨이브 : 수직말기 프로세스

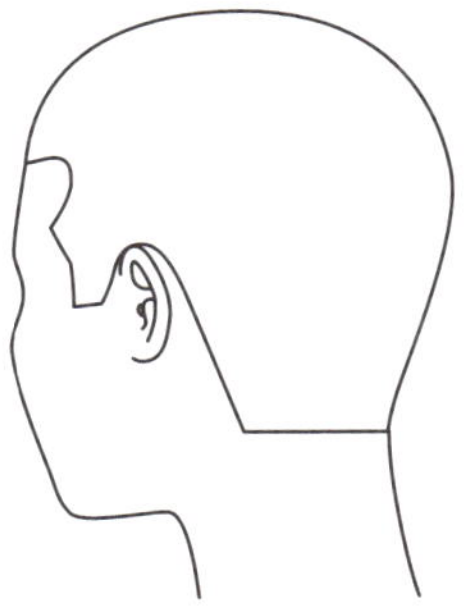

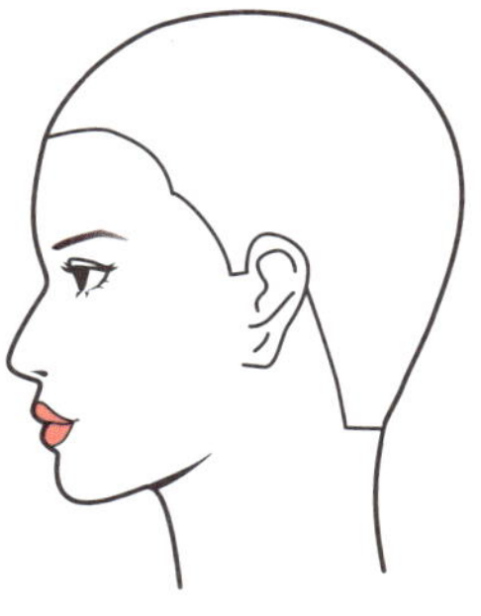

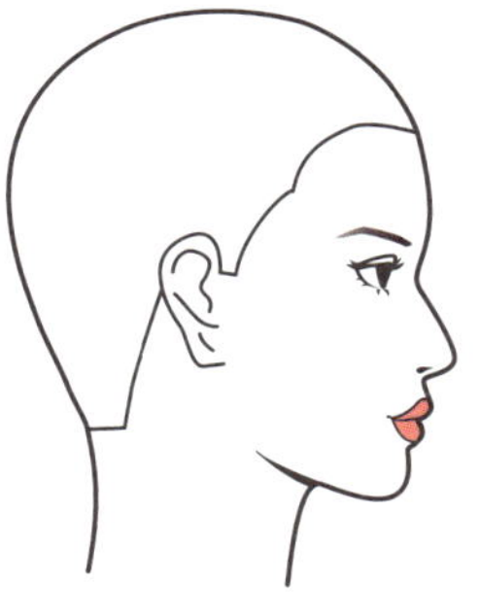

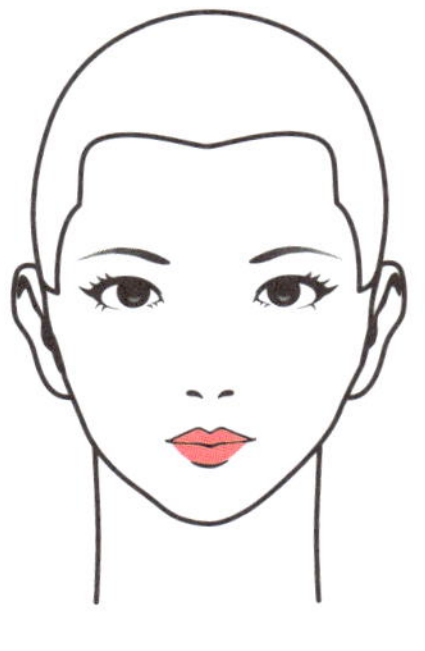

크로키놀식 퍼머넌트 웨이브 : 수직말기

실습 사진 앞	실습 사진 뒤
실습 사진 좌측면	실습 사진 우측면

실습 후 느낀점

3) 사선말기

크로키놀식 퍼머넌트 웨이브 : 사선말기

카운슬링 및 모발 진단 → 프레샴푸 → 전처리제 도포 → 제1제 도포 → 와인딩 → 프로세스 타임 → 테스트컬 및 중간세척 → 제2제 도포 → 프로세스 타임 → 로드 아웃 → 린스 & 트리트먼트 → 스타일링

테크닉 포인트

-
-
-
-
-
-
-
-

크로키놀식 퍼머넌트 웨이브 : 사선말기 프로세스

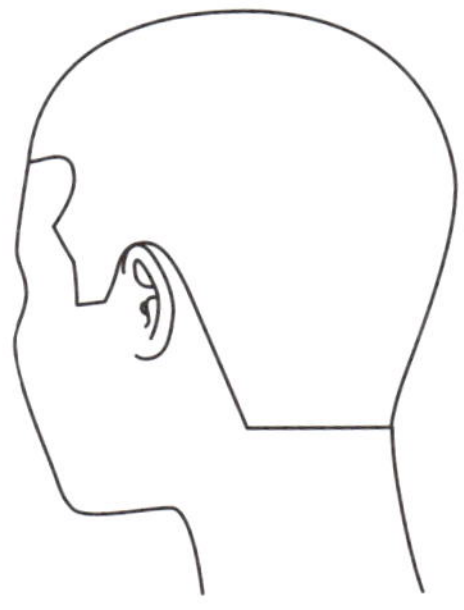

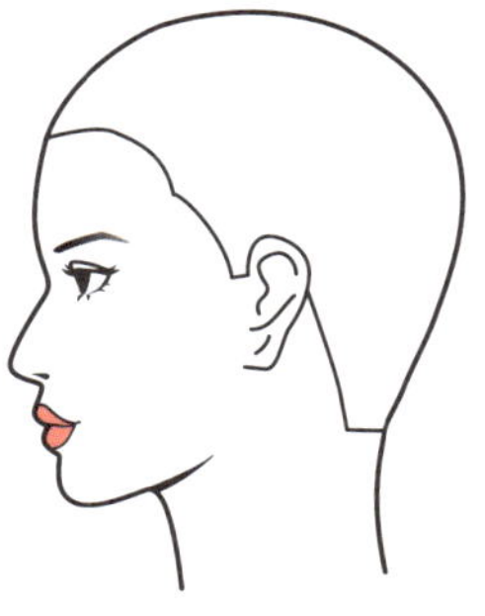

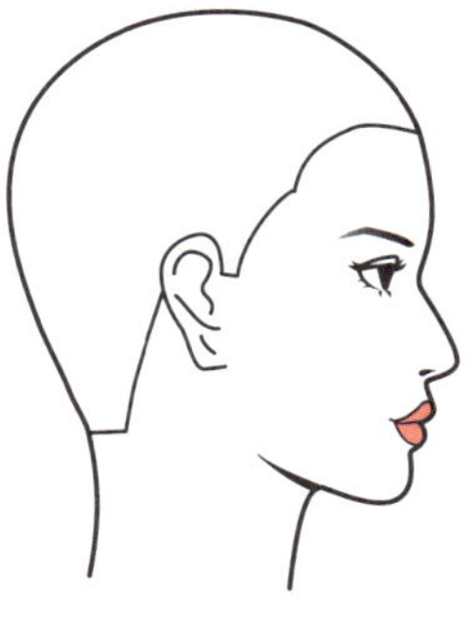

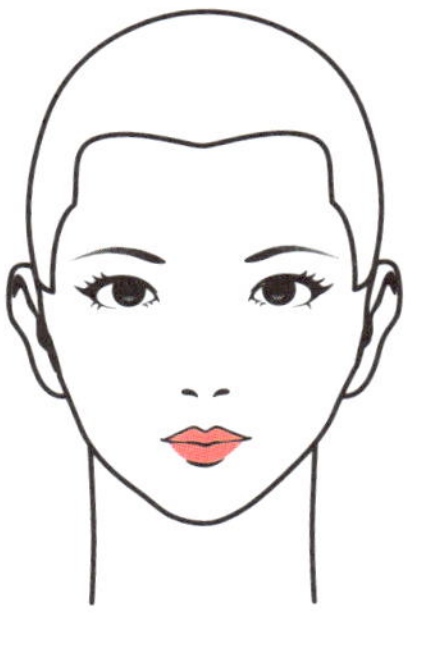

크로키놀식 퍼머넌트 웨이브 : 사선말기

실습 사진 앞	실습 사진 뒤
실습 사진 좌측면	실습 사진 우측면

실습 후 느낀점

4) 인덴테이션

크로키놀식 퍼머넌트 웨이브 : 인덴테이션(네이프)

카운슬링 및 모발 진단 → 프레샴푸 → 전처리제 도포 → 제1제 도포 → 와인딩 → 프로세스 타임 → 테스트컬 및 중간세척 → 제2제 도포 → 프로세스 타임 → 로드 아웃 → 린스 & 트리트먼트 → 스타일링

테크닉 포인트

-
-
-
-
-
-
-
-

크로키놀식 퍼머넌트 웨이브 : 인덴테이션 프로세스

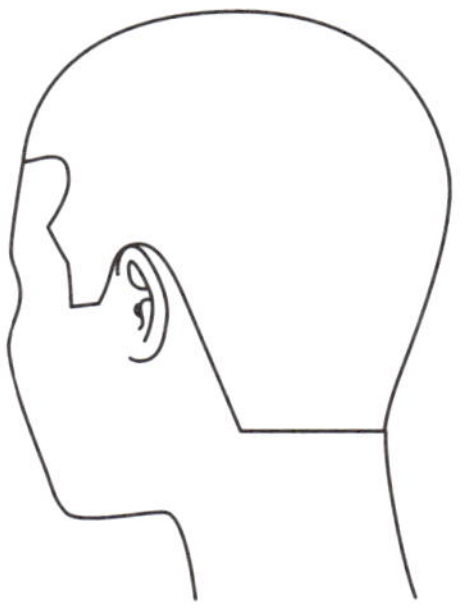

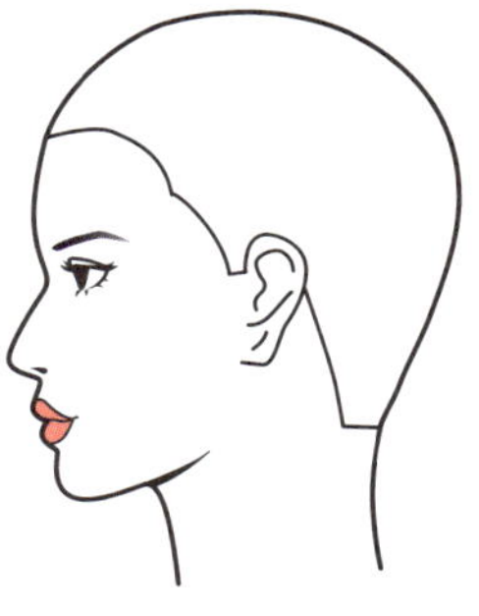

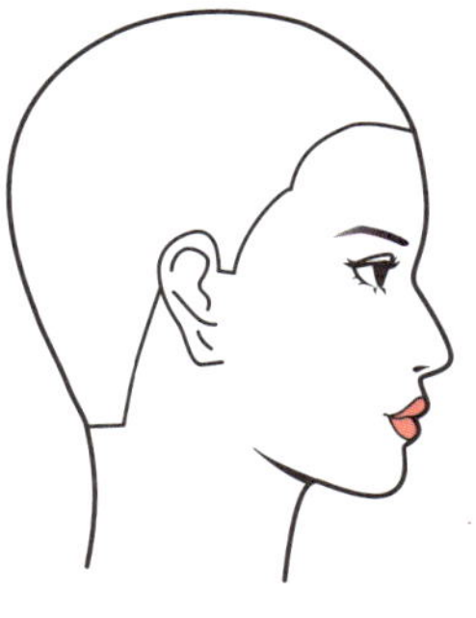

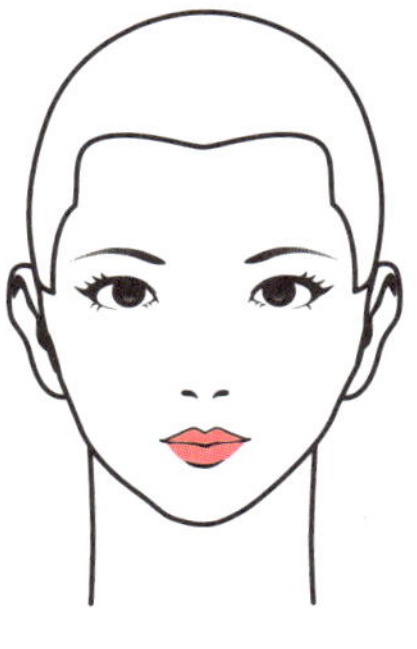

크로키놀식 퍼머넌트 웨이브 : 인덴테이션

실습 사진 앞	실습 사진 뒤
실습 사진 좌측면	실습 사진 우측면

실습 후 느낀점

2 스파이럴식 퍼머넌트 웨이브

1) 판넬형 : 포워드 / 리버스

스파이럴식(판넬형) 퍼머넌트 웨이브 : 포워드 / 리버스

카운슬링 및 모발 진단 → 프레샴푸 → 전처리제 도포 → 제1제 도포 → 와인딩 → 프로세스 타임 → 테스트컬 및 중간세척 → 제2제 도포 → 프로세스 타임 → 로드 아웃 → 린스 & 트리트먼트 → 스타일링

테크닉 포인트

-
-
-
-
-
-

스파이럴식(판넬형) 퍼머넌트 웨이브 프로세스

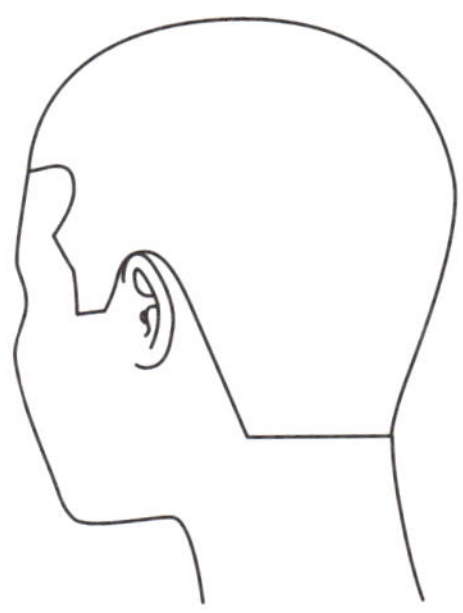

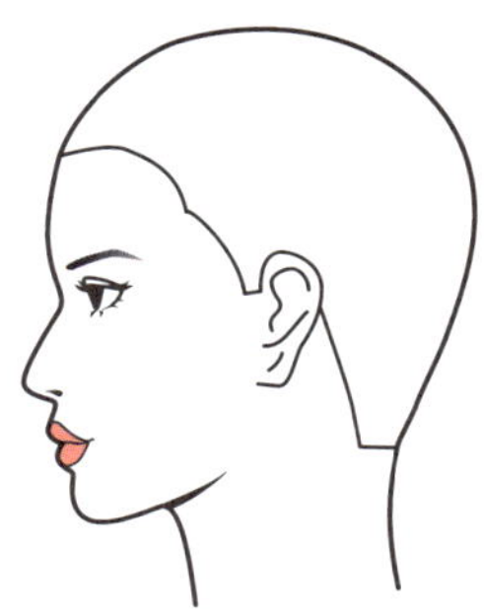

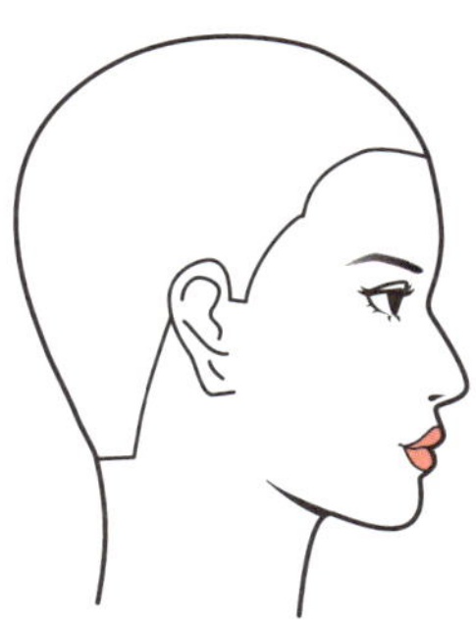

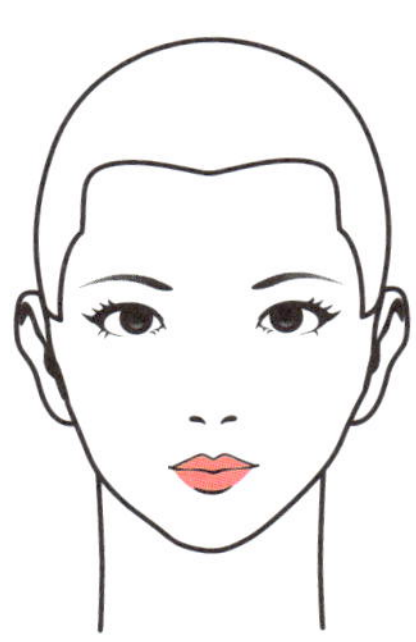

스파이럴식(판넬형) 퍼머넌트 웨이브 : 포워드 / 리버스

실습 사진 앞	실습 사진 뒤
실습 사진 좌측면	실습 사진 우측면

실습 후 느낀점

2) 트위스트형 : 포워드 / 리버스

(1) 모선시작

스파이럴식(트위스트형) 퍼머넌트 웨이브 : 모선시작

카운슬링 및 모발 진단 → 프레샴푸 → 전처리제 도포 → 제1제 도포 → 와인딩 → 프로세스 타임 → 테스트컬 및 중간세척 → 제2제 도포 → 프로세스 타임 → 로드 아웃 → 린스 & 트리트먼트 → 스타일링

테크닉 포인트

-
-
-
-
-
-

스파이럴식(트위스트형) 퍼머넌트 웨이브 : 모선시작 프로세스

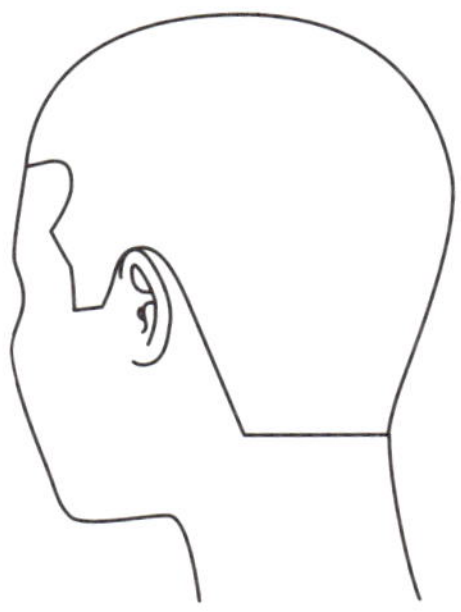

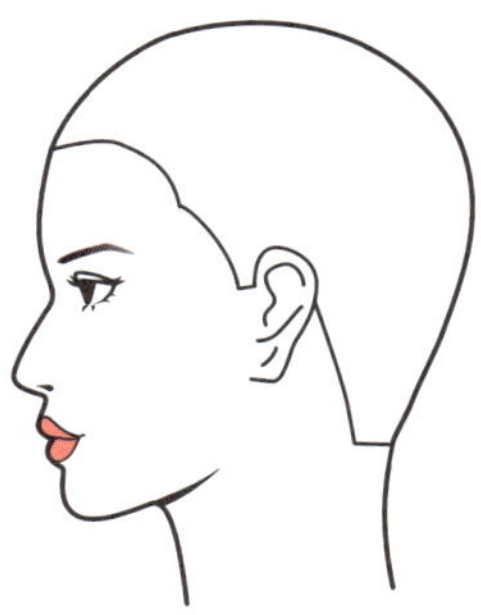

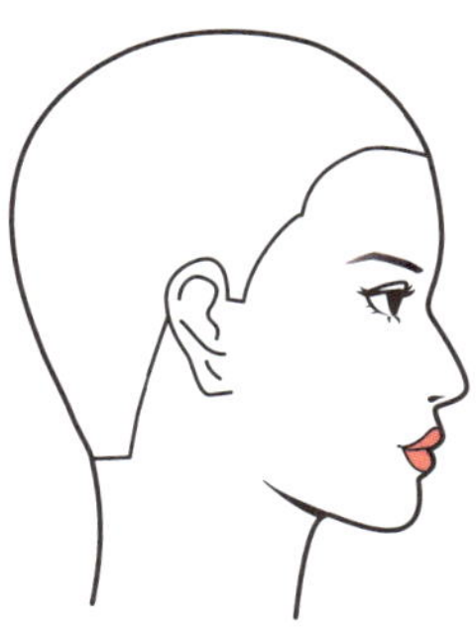

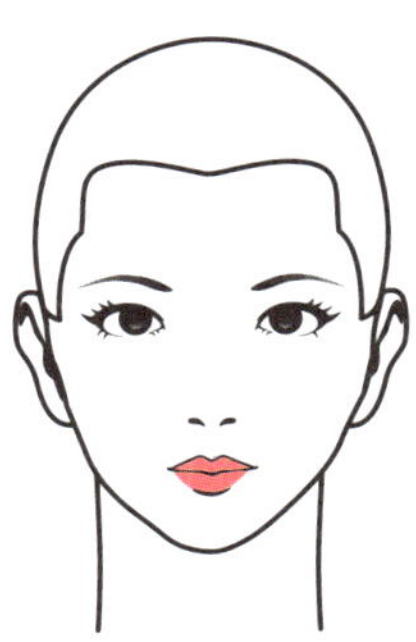

스파이럴식(트위스트형) 퍼머넌트 웨이브 : 모선시작

실습 사진 앞	실습 사진 뒤
실습 사진 좌측면	실습 사진 우측면

실습 후 느낀점

(2) 모근시작

스파이럴식(트위스트형) 퍼머넌트 웨이브 : 모근시작

카운슬링 및 모발 진단 → 프레샴푸 → 전처리제 도포 → 제1제 도포 → 와인딩 → 프로세스 타임 → 테스트컬 및 중간세척 → 제2제 도포 → 프로세스 타임 → 로드 아웃 → 린스 & 트리트먼트 → 스타일링

테크닉 포인트

-
-
-
-
-
-
-
-

스파이럴식(트위스트형) 퍼머넌트 웨이브 : 모근시작

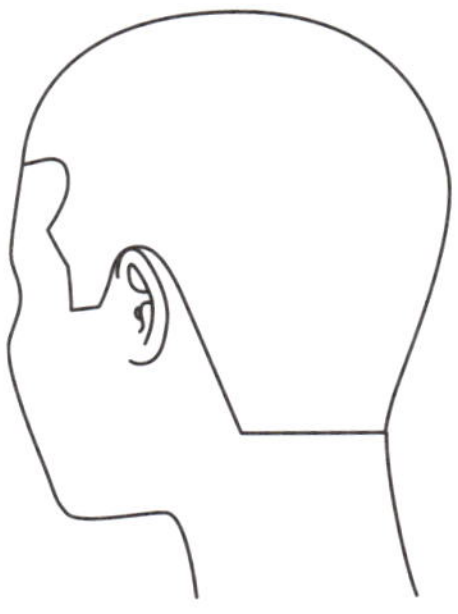

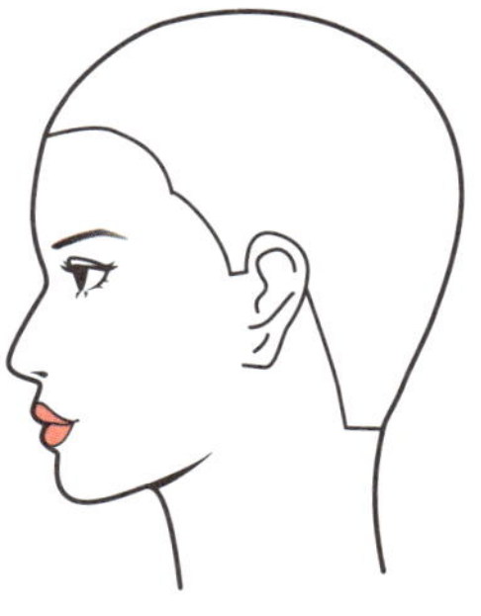

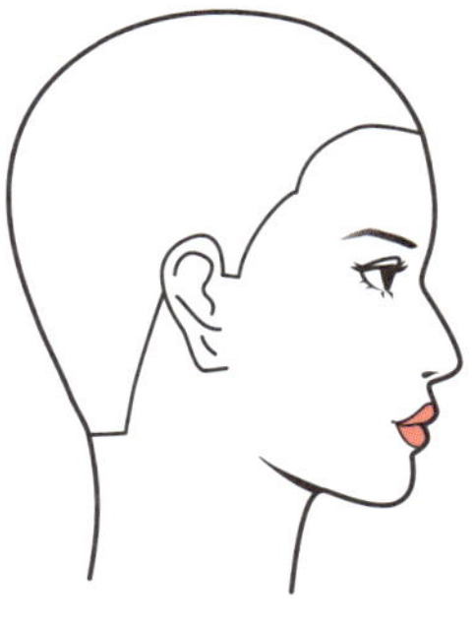

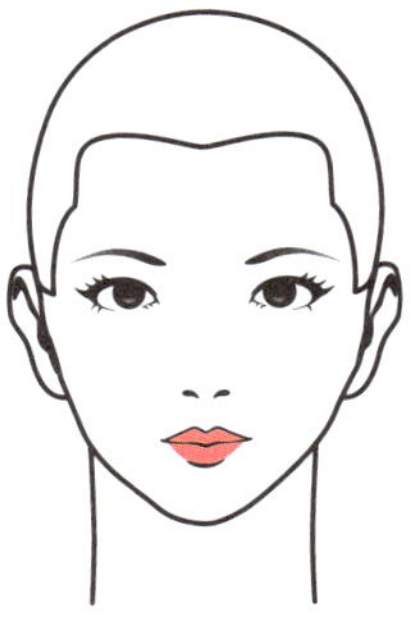

스파이럴식(트위스트형) 퍼머넌트 웨이브 : 모근시작

실습 사진 앞	실습 사진 뒤
실습 사진 좌측면	실습 사진 우측면

실습 후 느낀점

3 롤 퍼머넌트 웨이브

롤 퍼머넌트 웨이브

카운슬링 및 모발 진단 → 프레샴푸 → 전처리제 도포 → 제1제 도포 → 와인딩 → 프로세스 타임 → 테스트컬 및 중간세척 → 제2제 도포 → 프로세스 타임 → 로드 아웃 → 린스 & 트리트먼트 → 스타일링

테크닉 포인트

-
-
-
-
-
-
-
-

롤 퍼머넌트 웨이브 프로세스

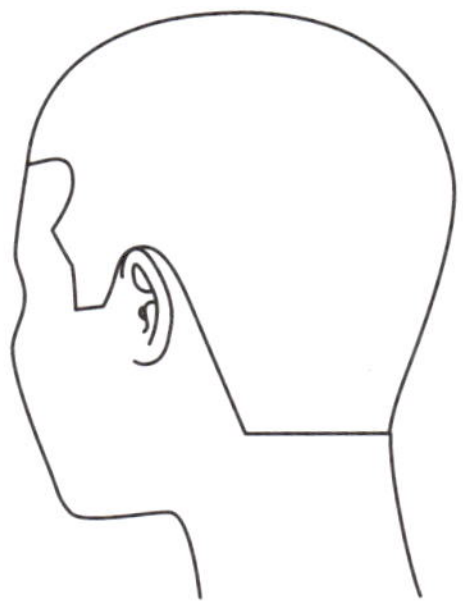

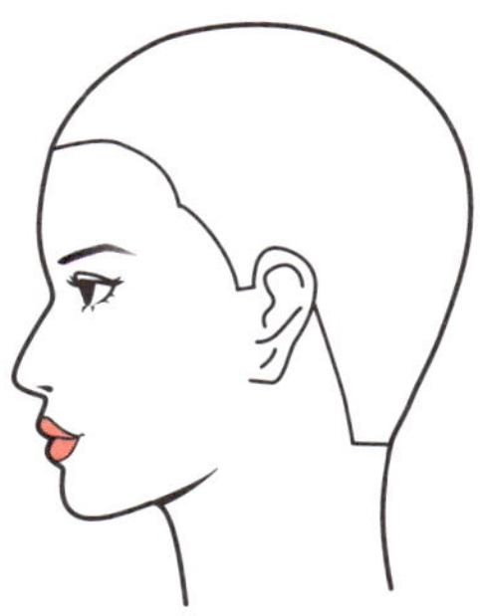

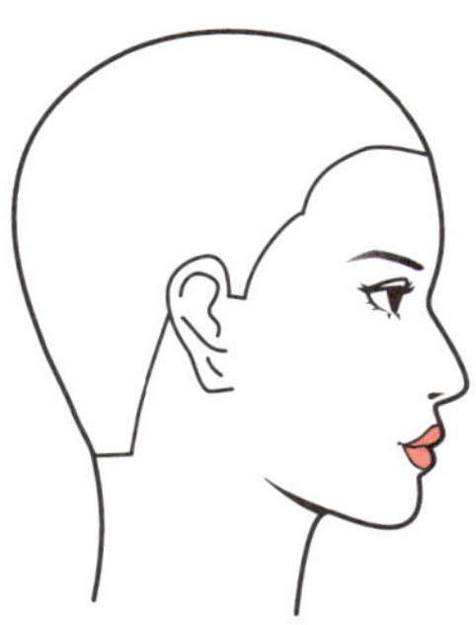

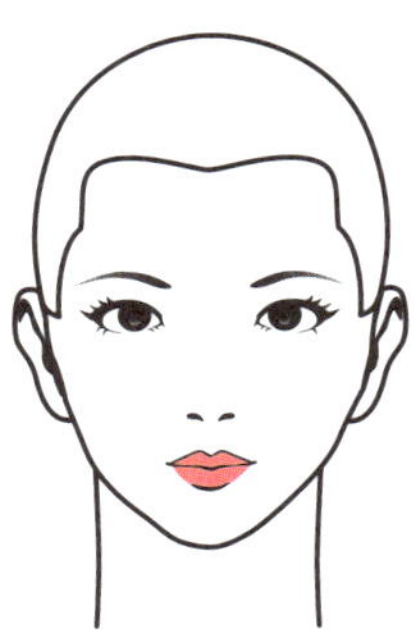

롤 퍼머넌트 웨이브

실습 사진 앞	실습 사진 뒤
실습 사진 좌측면	실습 사진 우측면

실습 후 느낀점

4 스트레이트 퍼머넌트 웨이브

스트레이트 퍼머넌트 웨이브

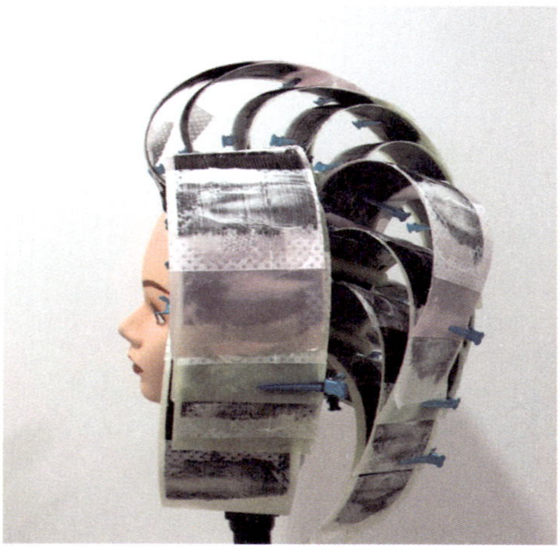

카운슬링 및 모발 진단 → 프레샴푸 → 전처리제 도포 → 제1제 도포 → 와인딩 → 프로세스 타임 → 테스트컬 및 중간세척 → 제2제 도포 → 프로세스 타임 → 로드 아웃 → 린스 & 트리트먼트 → 스타일링

테크닉 포인트

-
-
-
-
-
-
-
-

스트레이트 퍼머넌트 웨이브 프로세스

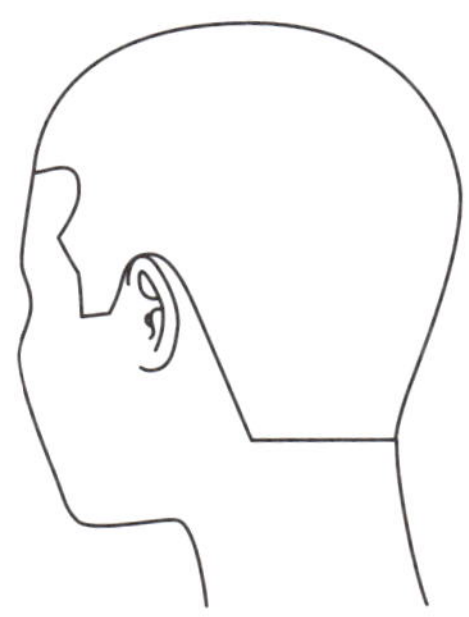

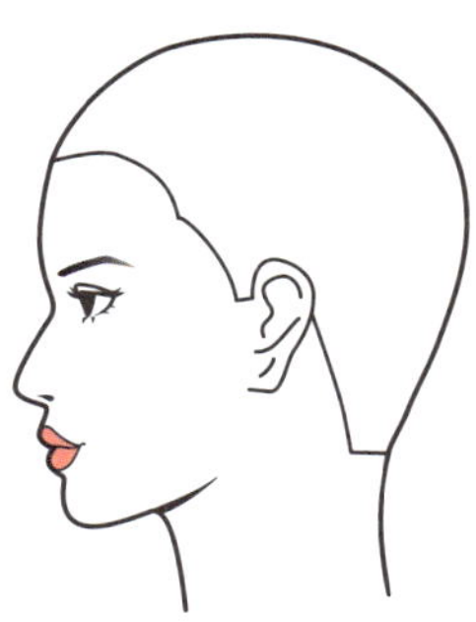

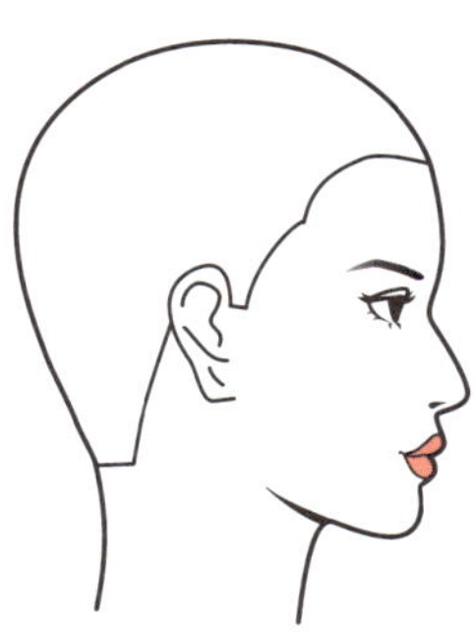

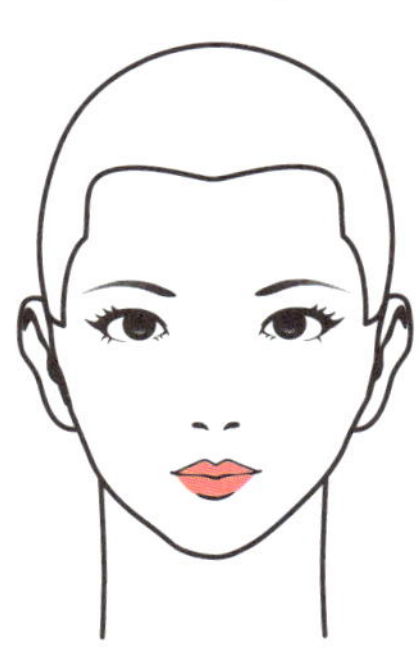

스트레이트 퍼머넌트 웨이브

실습 사진 앞	실습 사진 뒤
실습 사진 좌측면	실습 사진 우측면

실습 후 느낀점

5 Men's 퍼머넌트 웨이브(포일 & 핀컬 & 다운 펌)

Men's 퍼머넌트 웨이브

카운슬링 및 모발 진단 → 프레샴푸 → 전처리제 도포 → 제1제 도포 → 포일 & 핀컬 & 다운 펌 → 프로세스 타임 → 테스트컬 및 중간세척 → 제2제 도포 → 프로세스 타임 → 로드 아웃 → 린스 & 트리트먼트 → 스타일링

테크닉 포인트

-
-
-
-
-
-
-
-

Men's 퍼머넌트 웨이브 프로세스

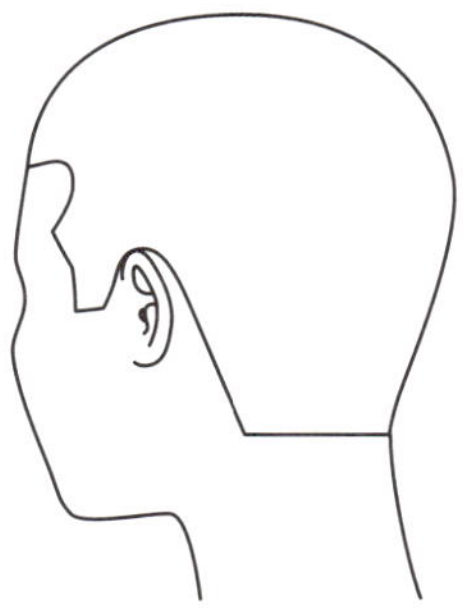

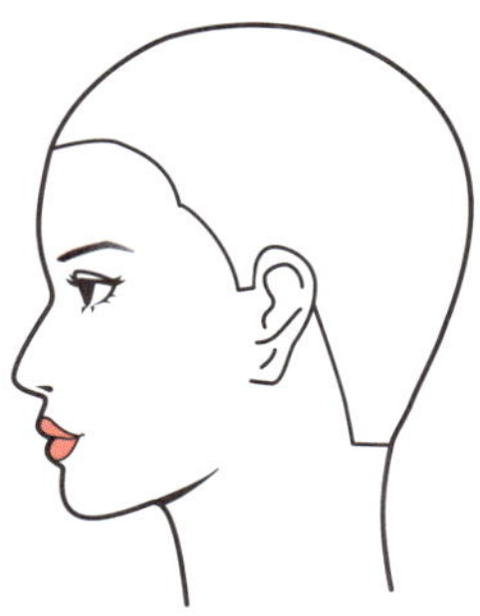

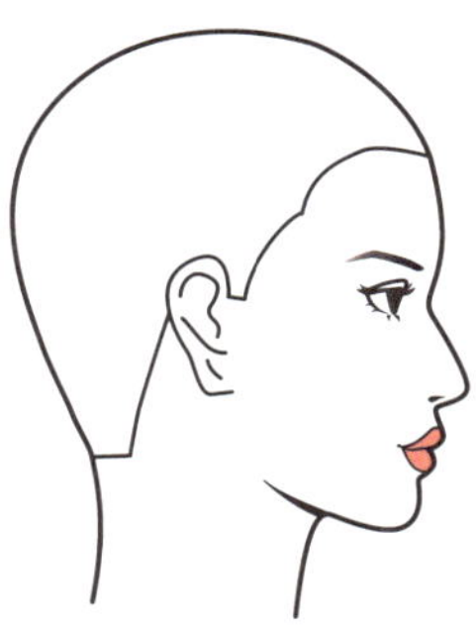

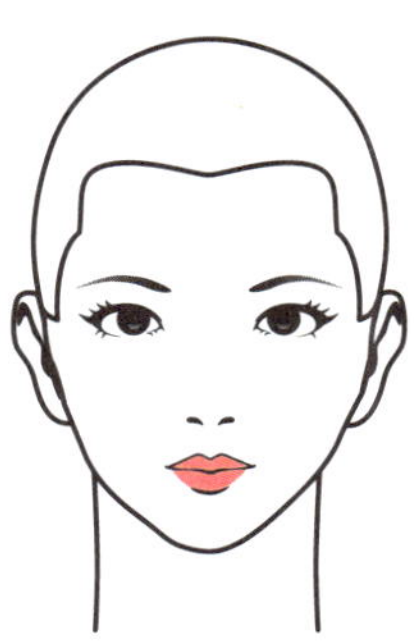

Men's 퍼머넌트 웨이브

실습 사진 앞	실습 사진 뒤
실습 사진 좌측면	실습 사진 우측면

실습 후 느낀점

05

실전편 III

히팅 퍼머넌트 웨이브

Permanent Wave Workbook

1 디지털 세팅 퍼머넌트 웨이브

디지털 세팅 퍼머넌트 웨이브

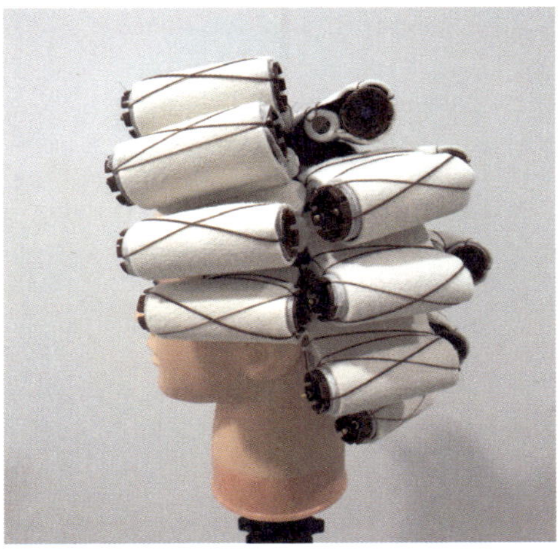

카운슬링 및 모발 진단 → 프레샴푸 → 전처리제 도포 → 제1제 도포(연화) → 연화테스트 → (세척 및 중간 전처리) → 와인딩 → 프로세스 타임 → 테스트컬 → 제2제 도포 → 프로세스 타임 → 로드 아웃 → 린스 & 트리트먼트 → 스타일링

테크닉 포인트

-
-
-
-
-
-
-
-

MEMO

디지털 세팅 퍼머넌트 웨이브

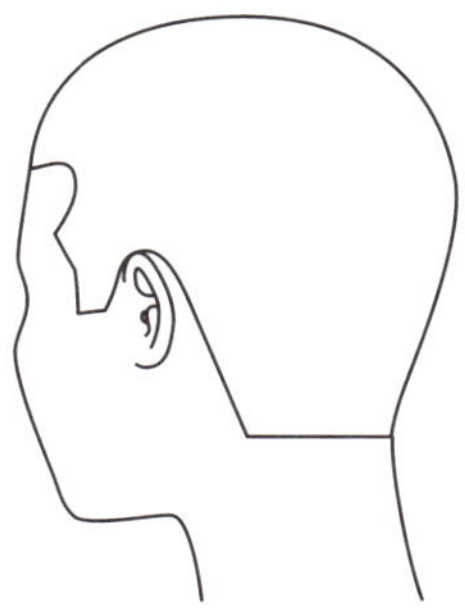

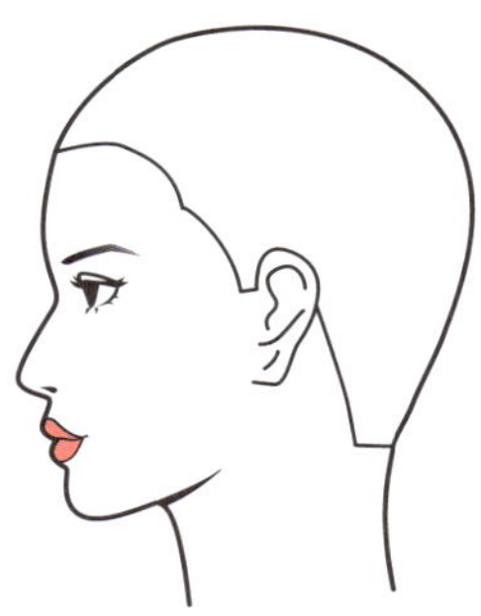

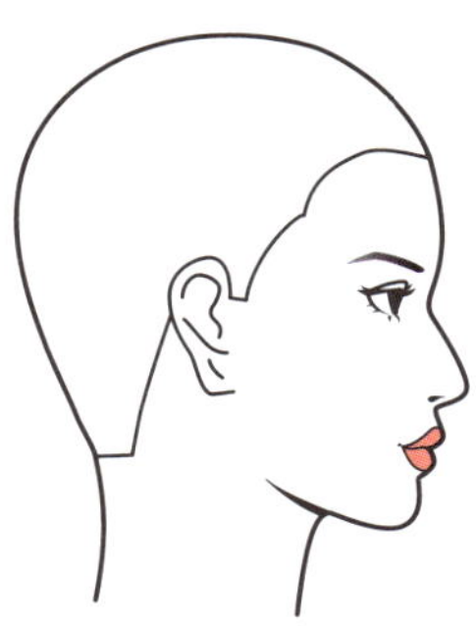

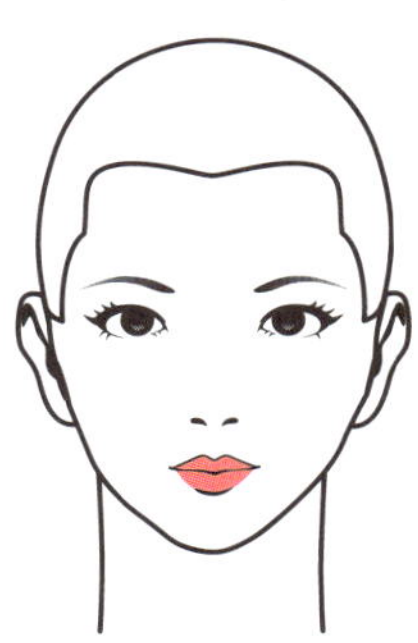

디지털 세팅 퍼머넌트 웨이브

실습 사진 앞	실습 사진 뒤
실습 사진 좌측면	실습 사진 우측면

실습 후 느낀점

2 세팅 퍼머넌트 웨이브

세팅 퍼머넌트 웨이브

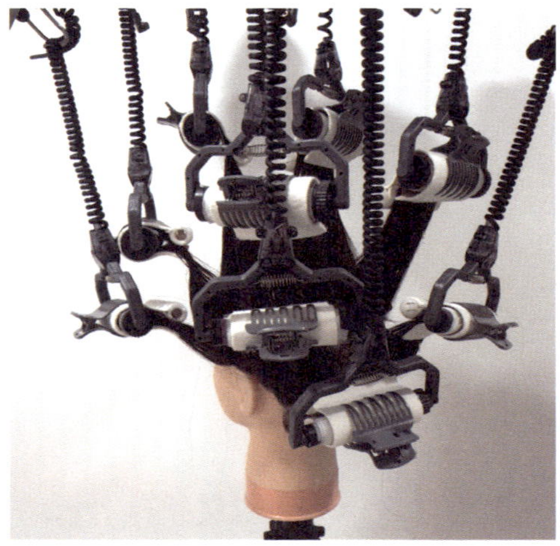

카운슬링 및 모발 진단 → 프레샴푸 → 전처리제 도포 → 제1제 도포(연화) → 연화테스트 → (세척 및 중간 전처리) → 와인딩 → 프로세스 타임 → 테스트컬 → 제2제 도포 → 프로세스 타임 → 로드 아웃 → 린스 & 트리트먼트 → 스타일링

테크닉 포인트

-
-
-
-
-
-
-
-

세팅 퍼머넌트 웨이브 프로세스

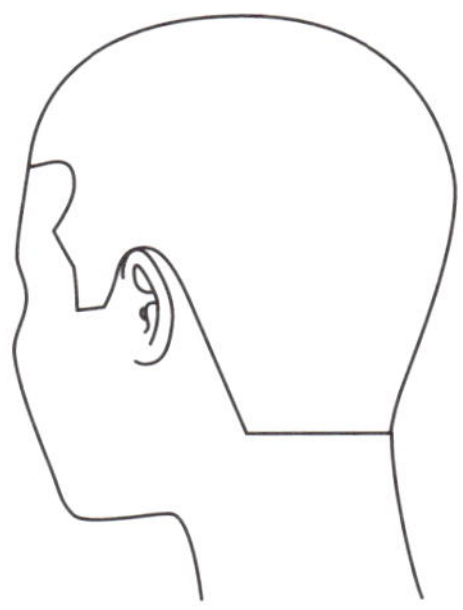

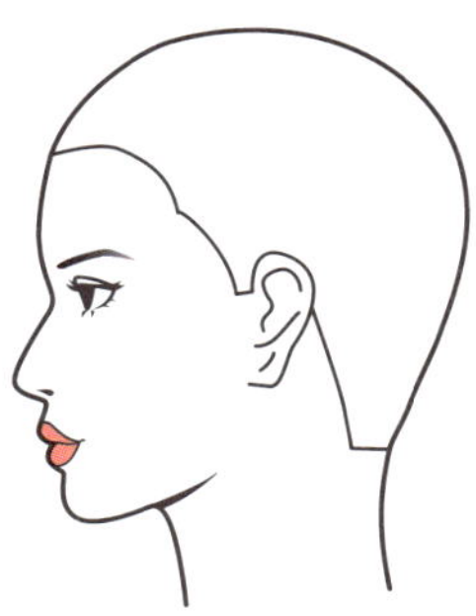

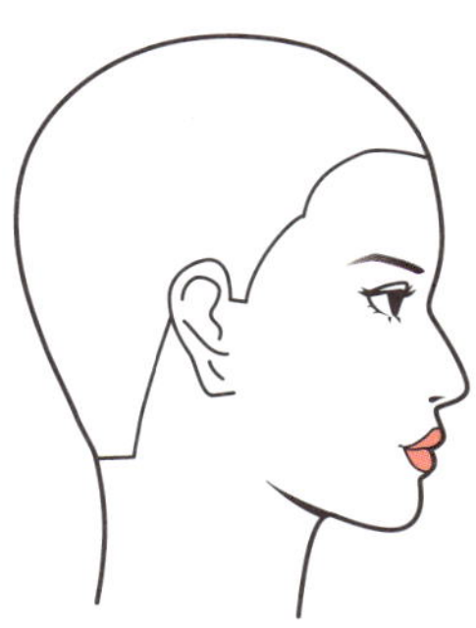

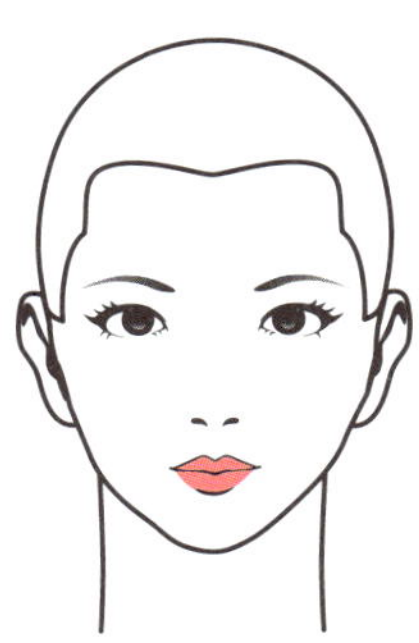

세팅 퍼머넌트 웨이브

실습 사진 앞	실습 사진 뒤
실습 사진 좌측면	실습 사진 우측면

실습 후 느낀점

3 매직 스트레이트

매직 스트레이트

카운슬링 및 모발 진단 → 프레샴푸 → 전처리제 도포 → 제1제 도포(연화) → 연화테스트 → (세척 및 중간 전처리) → 매직 스트레이트 시술 → 제2제 도포 → 프로세스 타임 → 로드 아웃 → 린스 & 트리트먼트 → 스타일링

테크닉 포인트

-
-
-
-
-
-
-
-

매직 스트레이트 프로세스

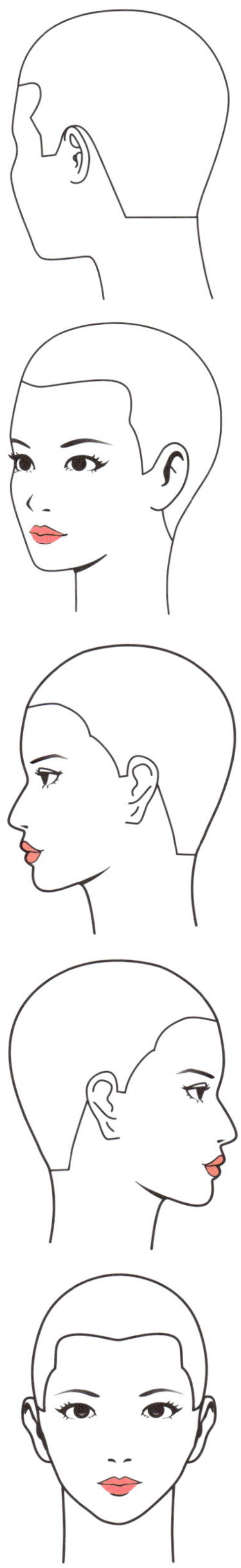

매직 스트레이트

실습 사진 앞	실습 사진 뒤
실습 사진 좌측면	실습 사진 우측면

실습 후 느낀점

4 볼륨 매직 스트레이트

볼륨 매직 스트레이트

카운슬링 및 모발 진단 → 프레샴푸 → 전처리제 도포 → 제1제 도포(연화) → 연화테스트 → (세척 및 중간 전처리) → 볼륨 매직 스트레이트 시술 → 제2제 도포 → 프로세스 타임 → 로드 아웃 → 린스 & 트리트먼트 → 스타일링

테크닉 포인트

-
-
-
-
-
-
-
-

볼륨 매직 스트레이트 프로세스

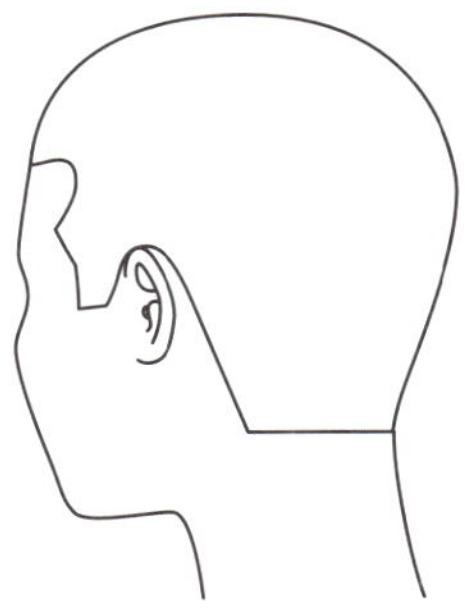

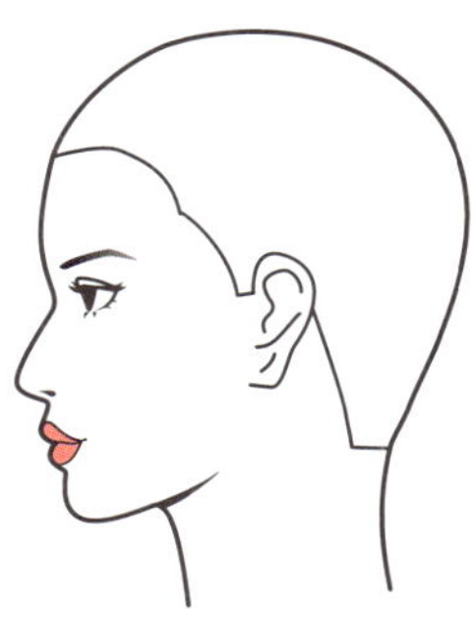

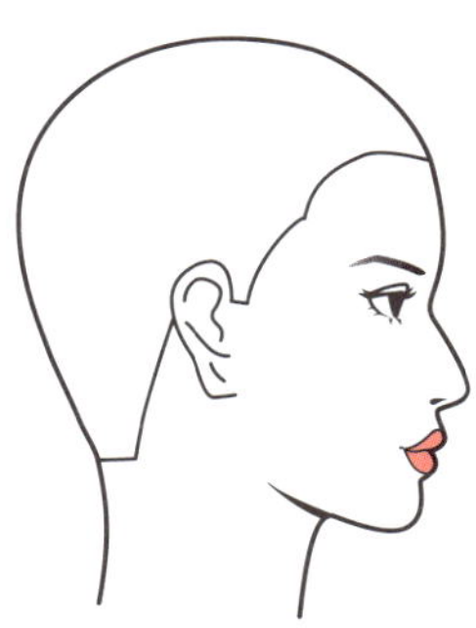

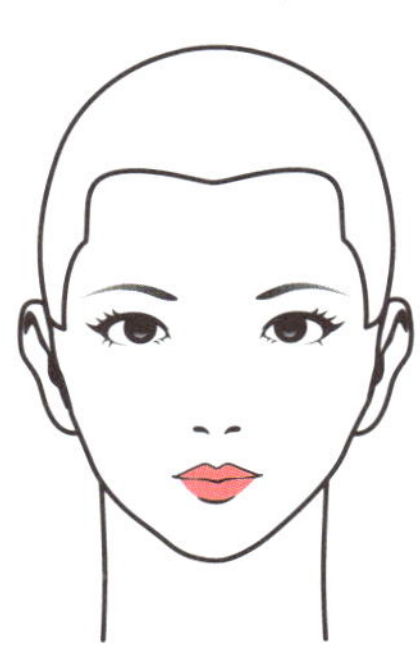

볼륨 매직 스트레이트

실습 사진 앞	실습 사진 뒤
실습 사진 좌측면	실습 사진 우측면

실습 후 느낀점

06

실전편 Ⅳ

살롱 퍼머넌트 웨이브

Permanent Wave Workbook

1 퍼머넌트 웨이브 디자인 유형(개인실습)

사례 제시 (예시)	베이비펌 디자인
	6세 남아 / 버진헤어 / 앞머리 구분 없음 / 레이어드형 /
	귀여운 이미지와 볼륨감 희망

※ 희망 디자인에 따른 이미지를 스크랩 해 봅시다.

image style	image style

테크닉 포인트

-
-
-
-
-
-
-
-

프로세스

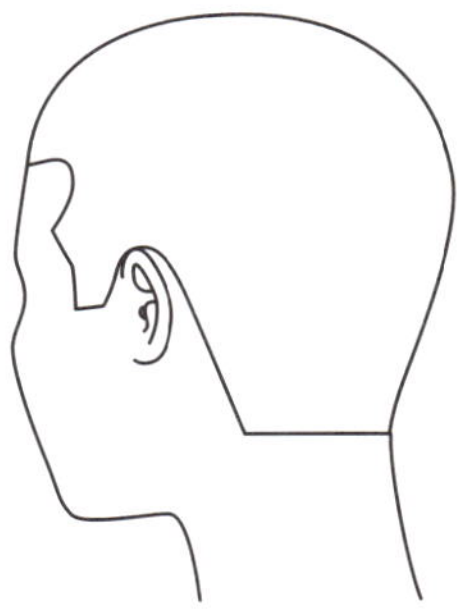

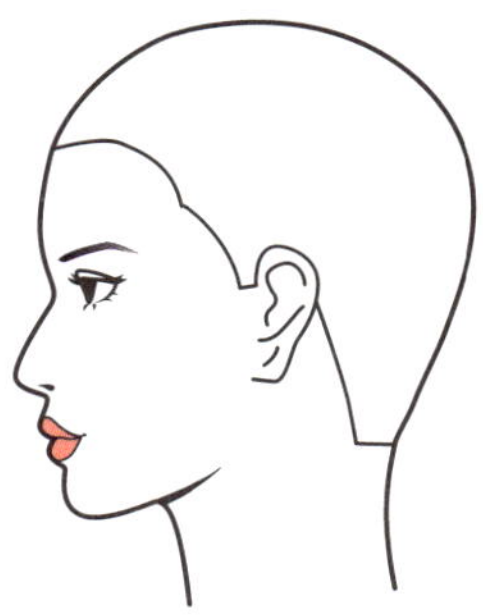

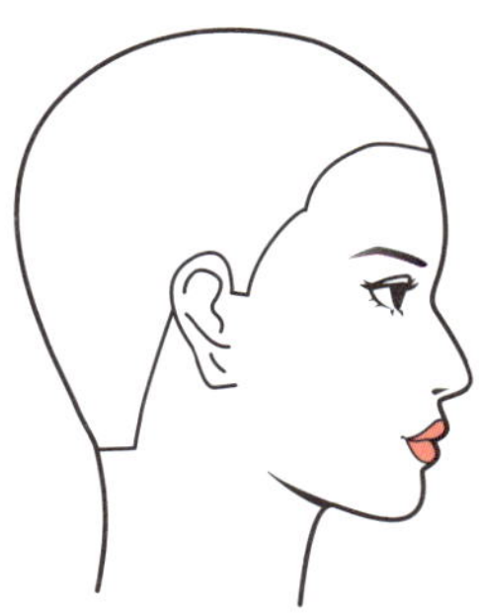

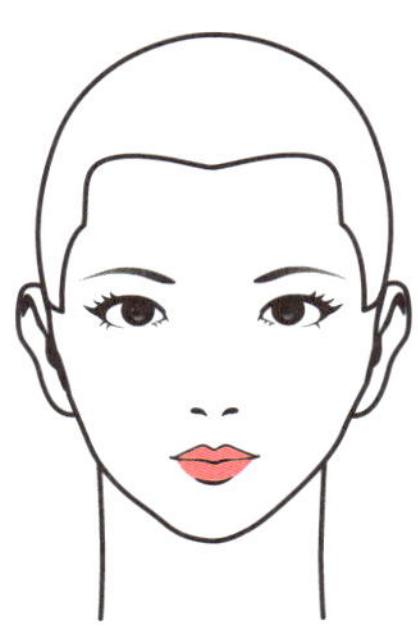

실습 사진 앞	실습 사진 뒤
실습 사진 좌측면	실습 사진 우측면

실습 후 느낀점

사례 제시

※ 희망 디자인에 따른 이미지를 스크랩 해 봅시다.

image style	image style

테크닉 포인트

•
•
•
•
•
•
•
•

프로세스

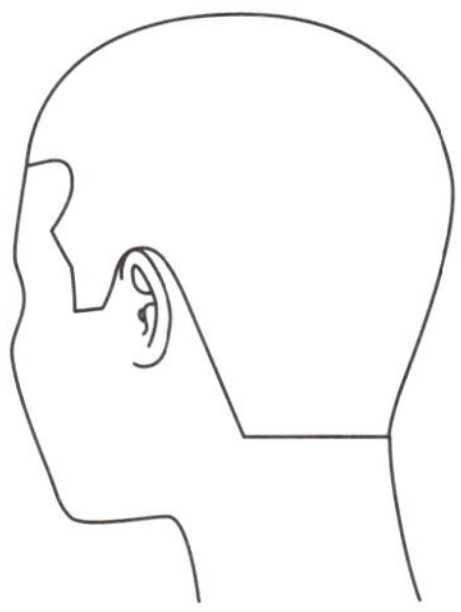

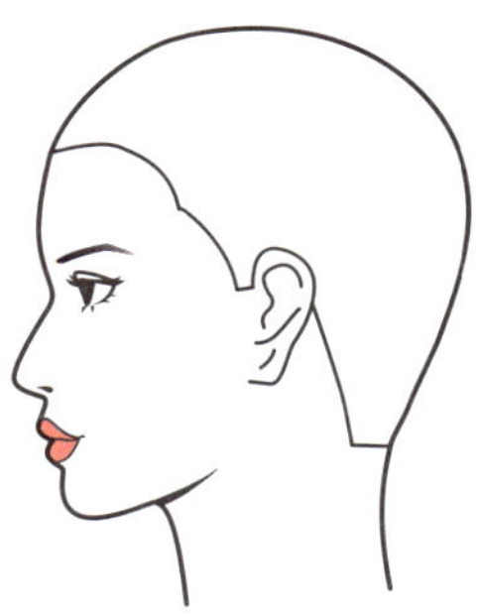

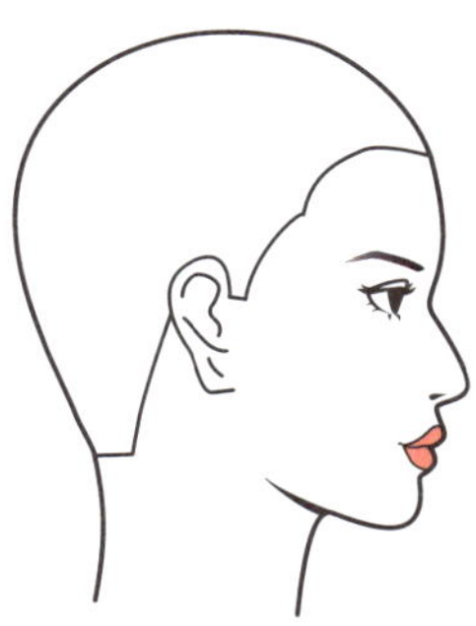

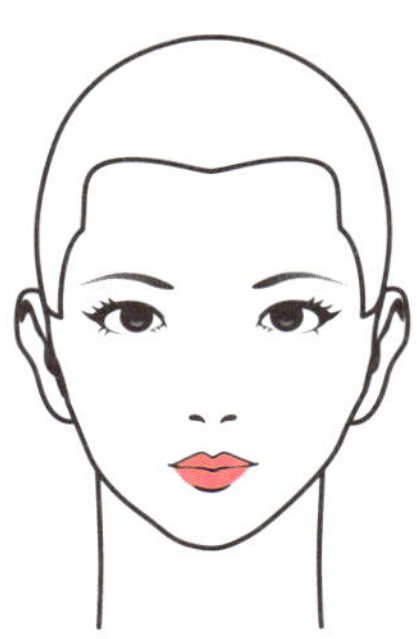

실습 사진 앞	실습 사진 뒤
실습 사진 좌측면	실습 사진 우측면

실습 후 느낀점

사례 제시

※ 희망 디자인에 따른 이미지를 스크랩 해 봅시다.

image style	image style

테크닉 포인트

-
-
-
-
-
-
-
-

프로세스

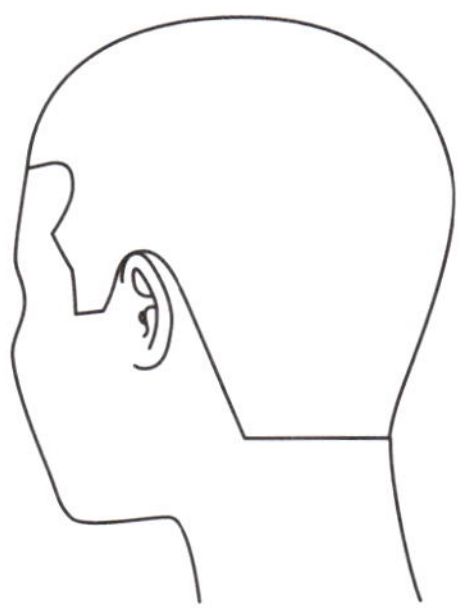

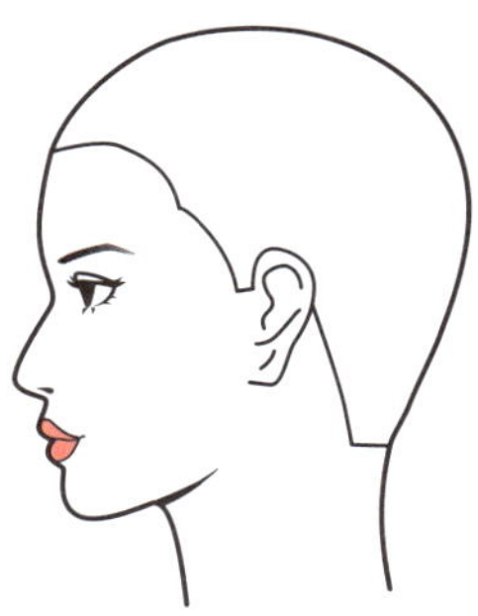

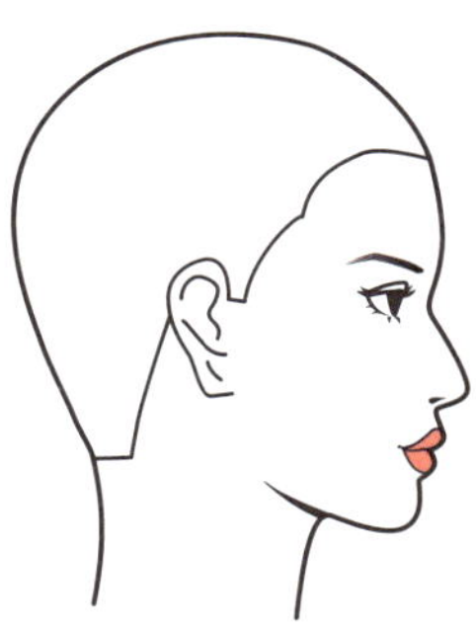

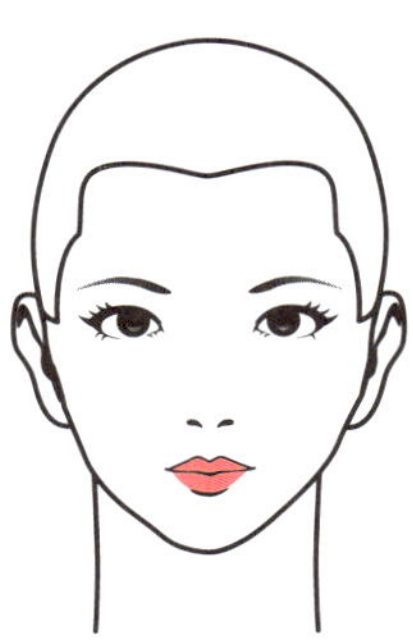

실습 사진 앞	실습 사진 뒤
실습 사진 좌측면	실습 사진 우측면

실습 후 느낀점

사례 제시

※ 희망 디자인에 따른 이미지를 스크랩 해 봅시다.

image style	image style

테크닉 포인트

-
-
-
-
-
-
-
-

프로세스

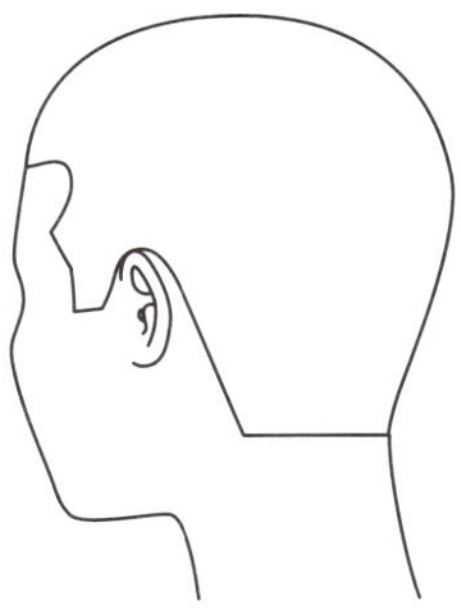

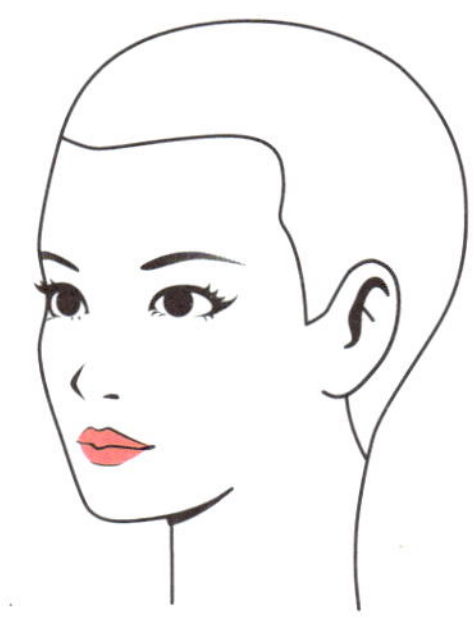

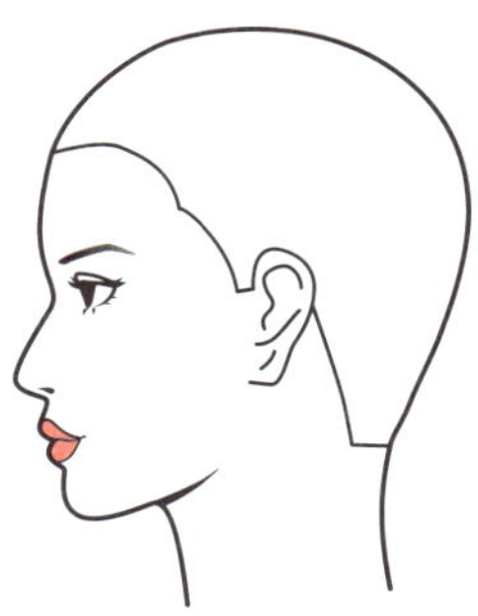

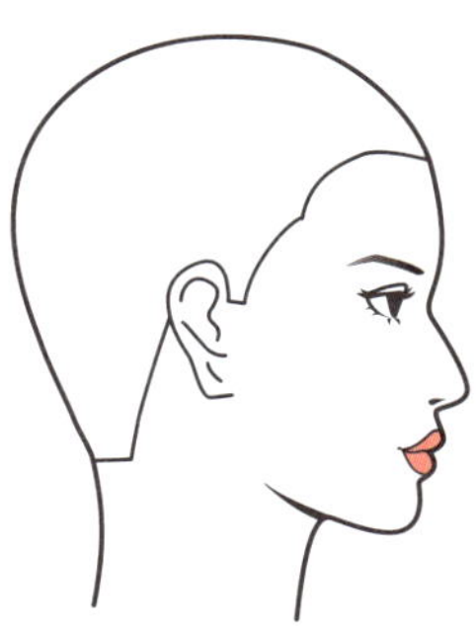

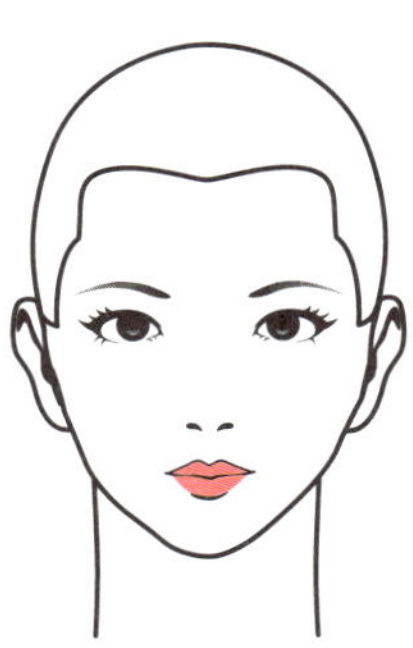

실습 사진 앞	실습 사진 뒤
실습 사진 좌측면	실습 사진 우측면

실습 후 느낀점

사례 제시

※ 희망 디자인에 따른 이미지를 스크랩 해 봅시다.

image style	image style

테크닉 포인트

-
-
-
-
-
-
-
-

프로세스

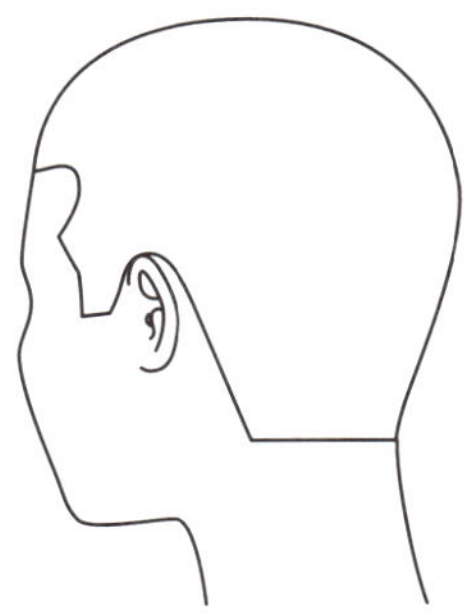

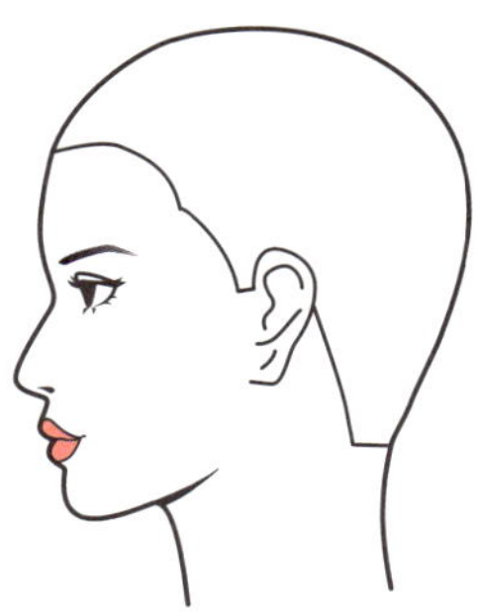

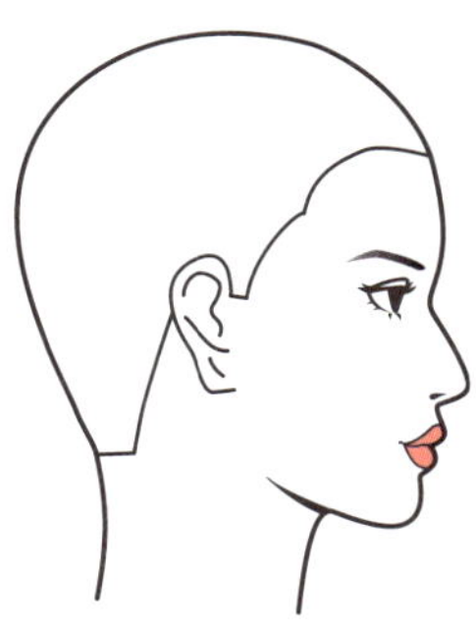

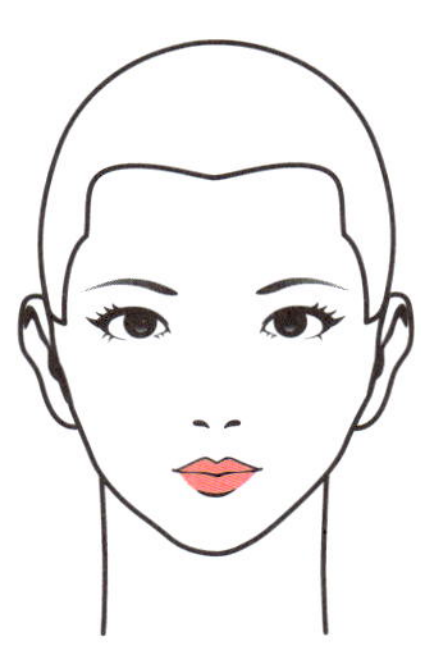

실습 사진 앞	실습 사진 뒤
실습 사진 좌측면	실습 사진 우측면

실습 후 느낀점

2 퍼머넌트 웨이브 디자인 유형(팀워크실습)

사례 제시 (예시)	볼륨펌 디자인
	60대여성 / 극손상모 / 새치염색과 펌 교대시술 / 레이어드형 /
	모발손상을 최소화하며 풍성한 볼륨감 희망

※ 희망 디자인에 따른 이미지를 스크랩 해 봅시다.

image style	image style

테크닉 포인트

-
-
-
-
-
-
-
-

팀원 구성

학번	이름

팀원별 역할에 따른 업무

디자이너역	파트너역
•	•
•	•
•	•
•	•
•	•
•	•
•	•
•	•
•	•
•	•
•	•
•	•

프로세스

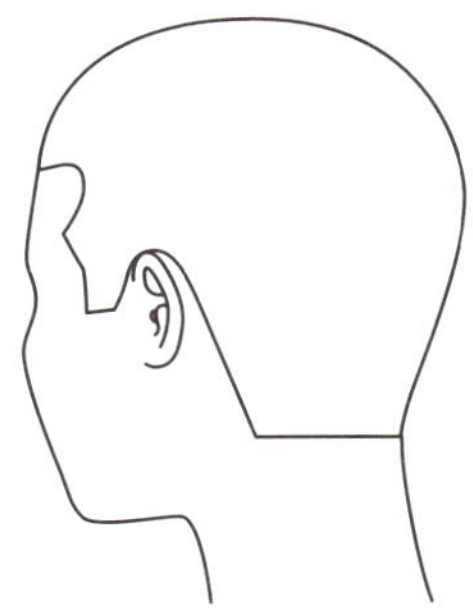

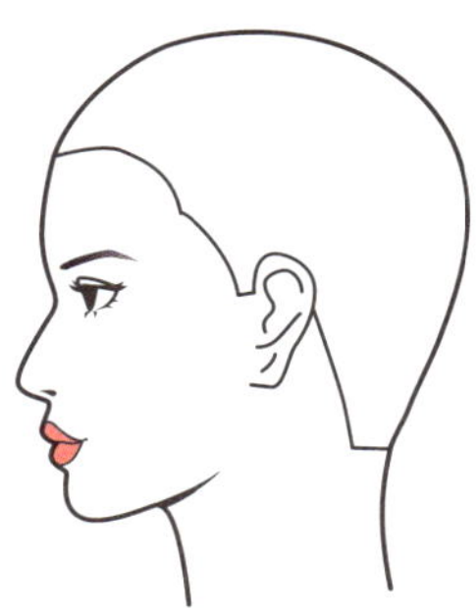

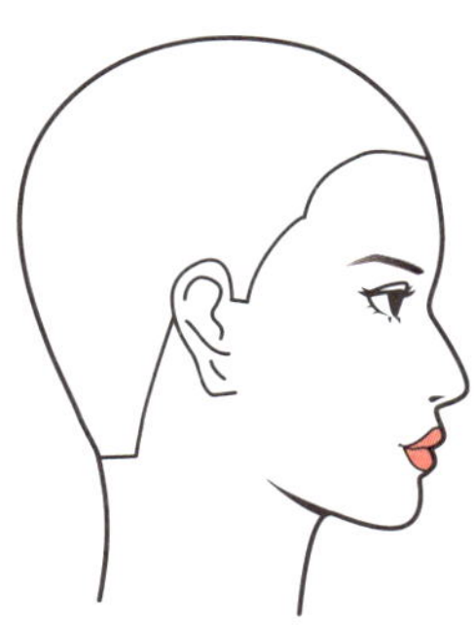

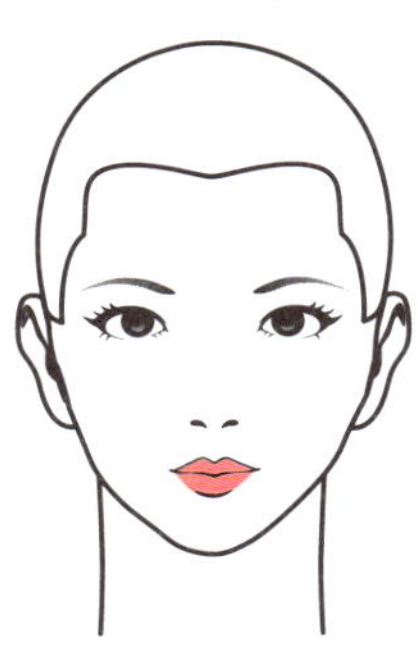

실습 사진 앞	실습 사진 뒤
실습 사진 좌측면	실습 사진 우측면

실습 후 느낀점

사례 제시

※ 희망 디자인에 따른 이미지를 스크랩 해 봅시다.

image style	image style

테크닉 포인트

•
•
•
•
•
•
•
•

팀원 구성

학번	이름

팀원별 역할에 따른 업무

디자이너역	파트너역
•	•
•	•
•	•
•	•
•	•
•	•
•	•
•	•
•	•
•	•
•	•
•	•

프로세스

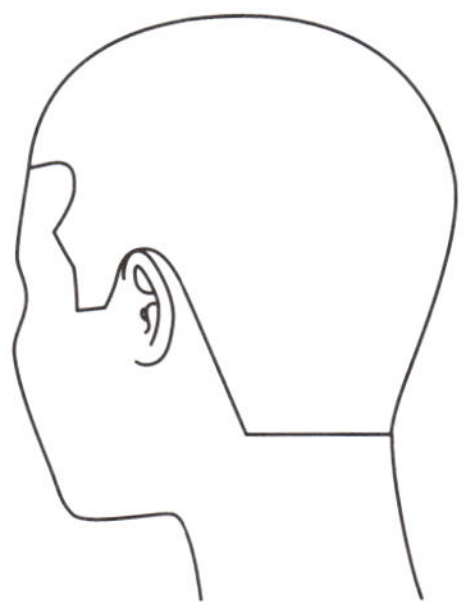

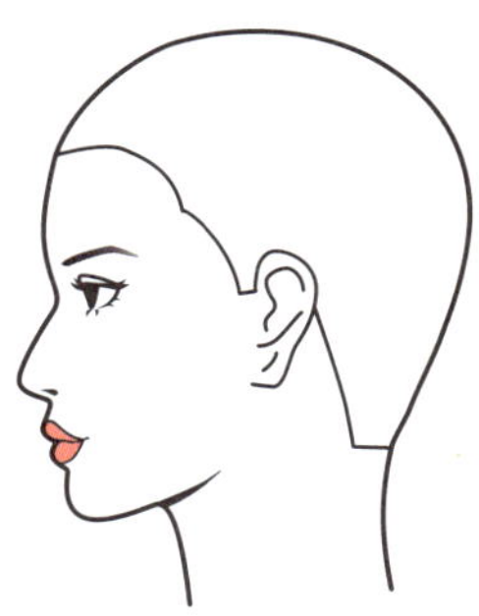

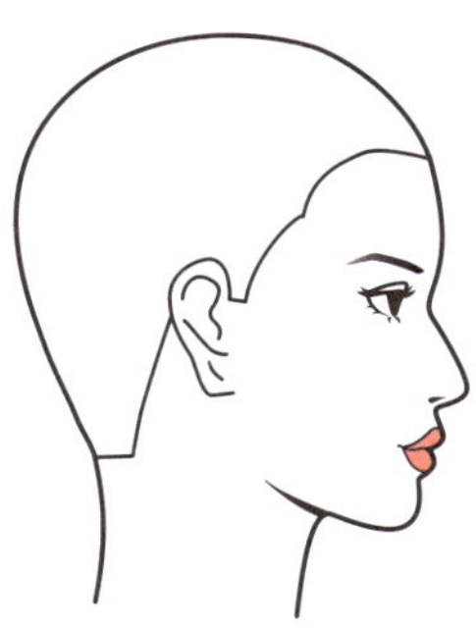

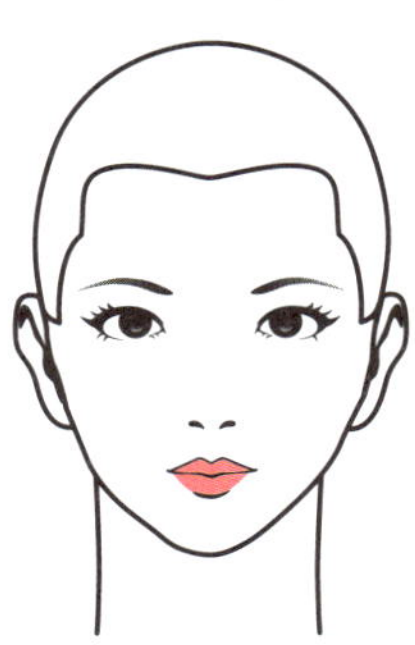

실습 사진 앞	실습 사진 뒤
실습 사진 좌측면	실습 사진 우측면

실습 후 느낀점

사례 제시

※ 희망 디자인에 따른 이미지를 스크랩 해 봅시다.

image style	image style

테크닉 포인트

-
-
-
-
-
-
-
-

팀원 구성

학번	이름

팀원별 역할에 따른 업무

디자이너역	파트너역
•	•
•	•
•	•
•	•
•	•
•	•
•	•
•	•
•	•
•	•
•	•
•	•

프로세스

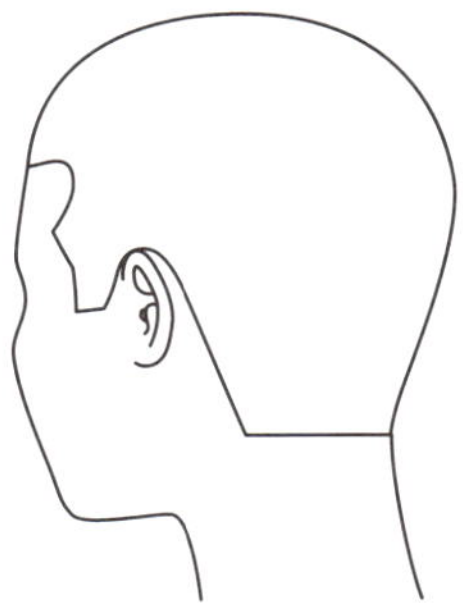

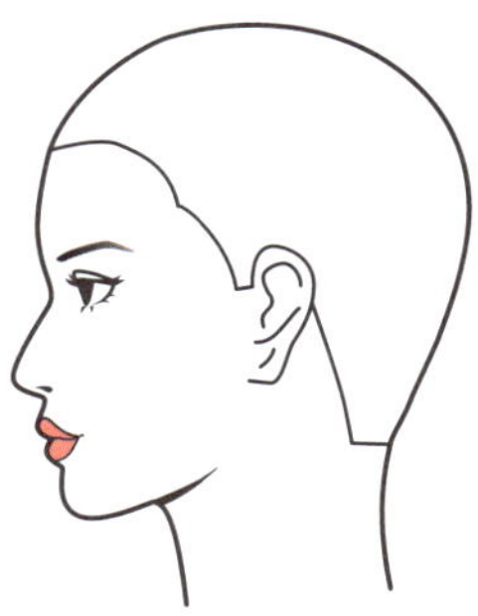

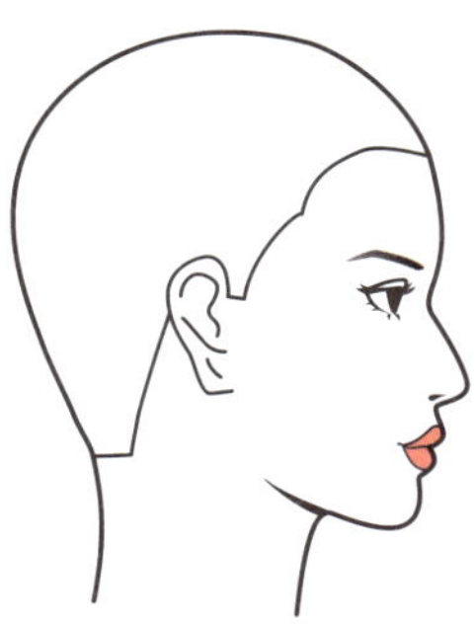

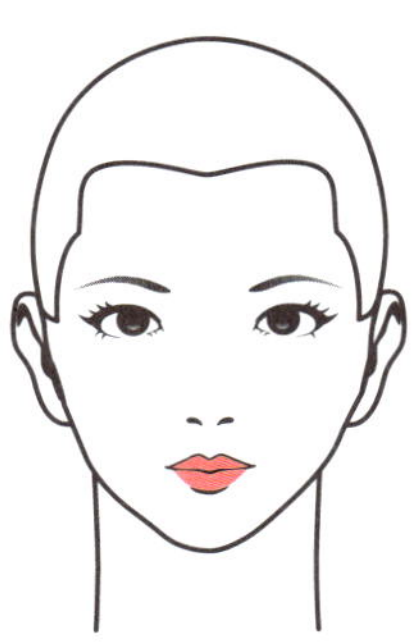

실습 사진 앞	실습 사진 뒤
실습 사진 좌측면	실습 사진 우측면

실습 후 느낀점

사례 제시

※ 희망 디자인에 따른 이미지를 스크랩 해 봅시다.

image style	image style

테크닉 포인트

-
-
-
-
-
-
-
-

팀원 구성

학번	이름

팀원별 역할에 따른 업무

디자이너역	파트너역
•	•
•	•
•	•
•	•
•	•
•	•
•	•
•	•
•	•
•	•
•	•
•	•

프로세스

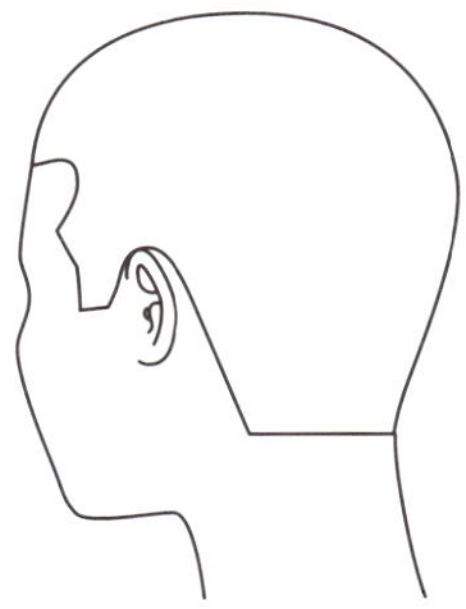

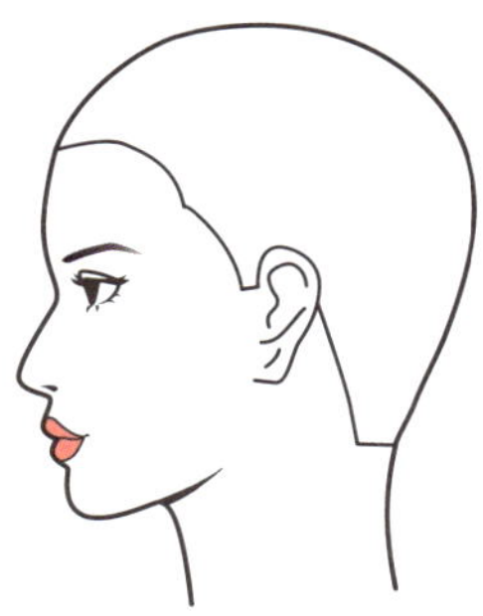

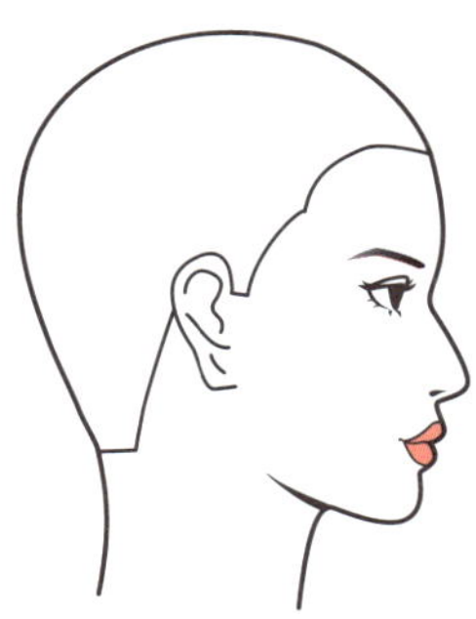

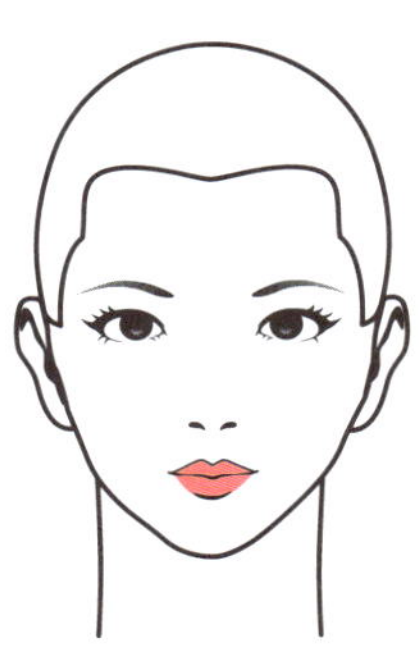

실습 사진 앞	실습 사진 뒤
실습 사진 좌측면	실습 사진 우측면

실습 후 느낀점

사례 제시

※ 희망 디자인에 따른 이미지를 스크랩 해 봅시다.

image style	image style

테크닉 포인트

-
-
-
-
-
-
-
-

팀원 구성

학번	이름

팀원별 역할에 따른 업무

디자이너역	파트너역
•	•
•	•
•	•
•	•
•	•
•	•
•	•
•	•
•	•
•	•
•	•
•	•

프로세스

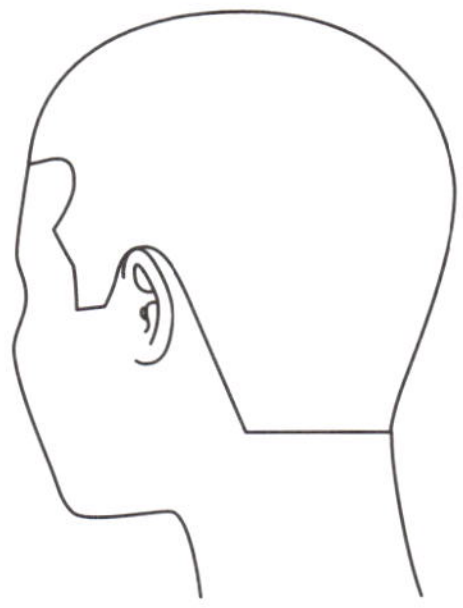

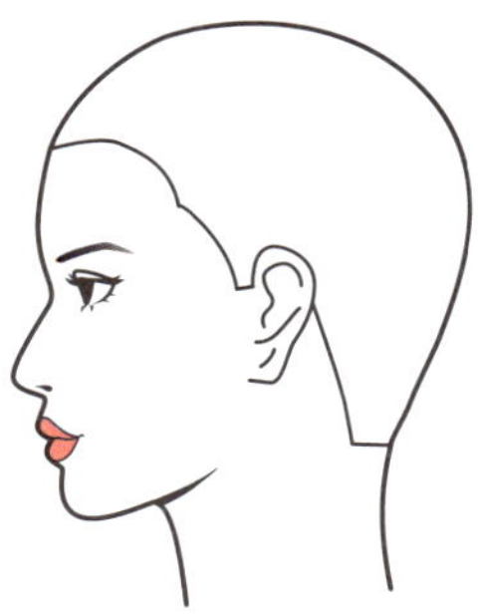

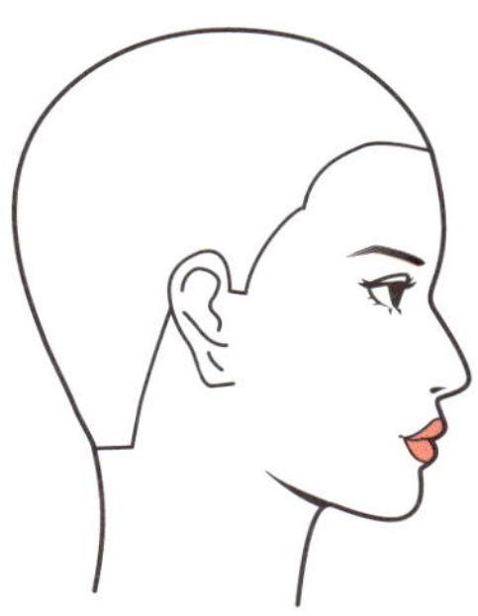

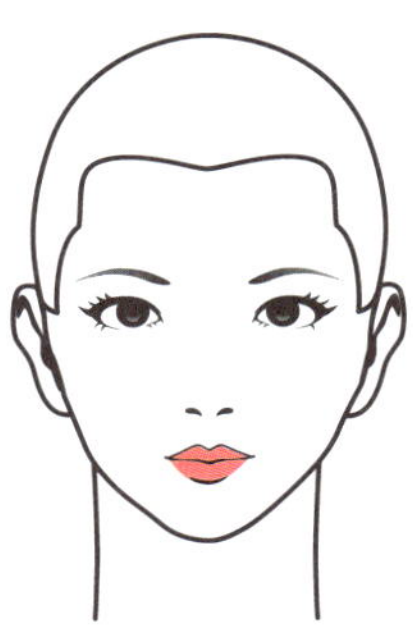

실습 사진 앞	실습 사진 뒤
실습 사진 좌측면	실습 사진 우측면

실습 후 느낀점

MEMO

07

부록 V

퍼머넌트 웨이브 디자인 유형

Permanent Wave Workbook

1 퍼머넌트 웨이브 디자인 유형(개인실습)

사례 제시

※ 희망 디자인에 따른 이미지를 스크랩 해 봅시다.

image style	image style

테크닉 포인트

-
-
-
-
-
-
-
-

프로세스

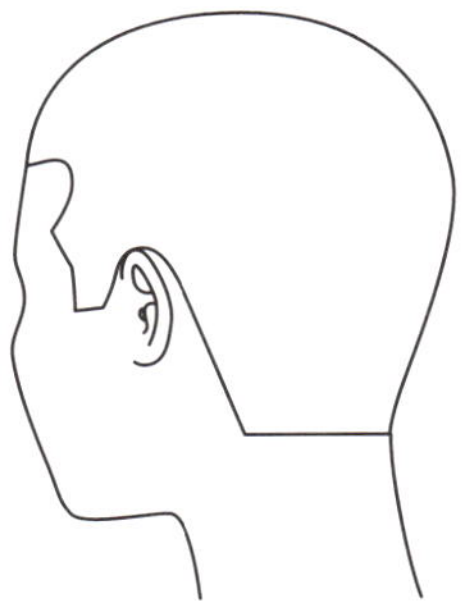

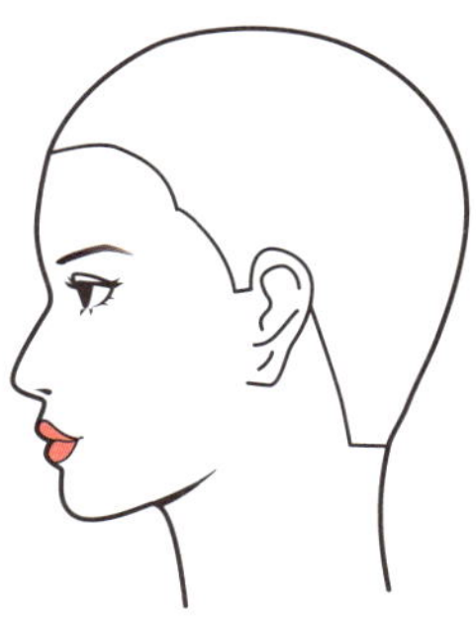

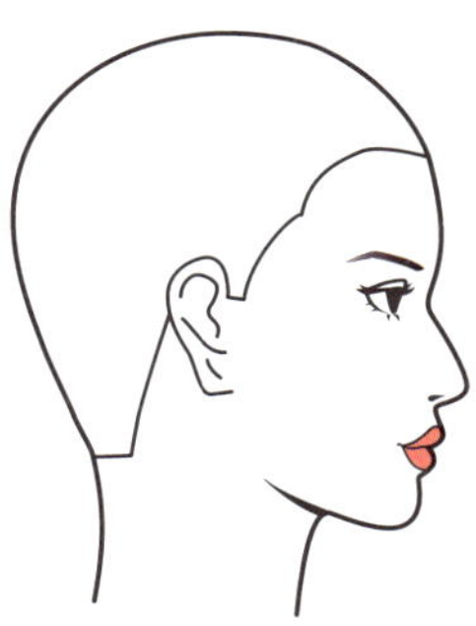

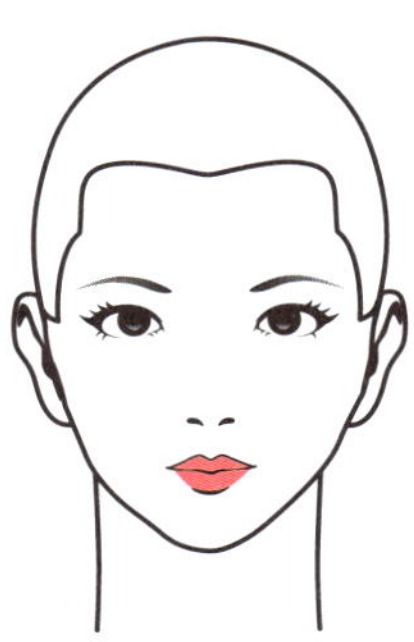

실습 사진 앞	실습 사진 뒤
실습 사진 좌측면	실습 사진 우측면

실습 후 느낀점

사례 제시

※ 희망 디자인에 따른 이미지를 스크랩 해 봅시다.

image style	image style

테크닉 포인트

-
-
-
-
-
-
-
-

프로세스

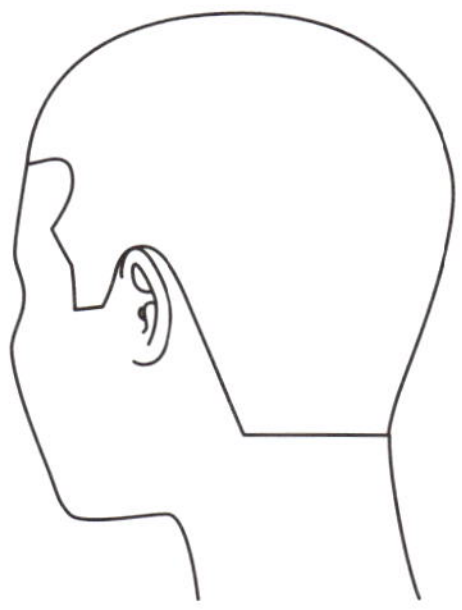

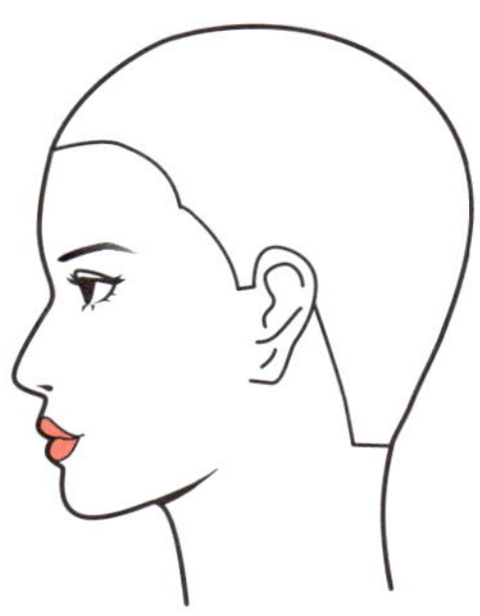

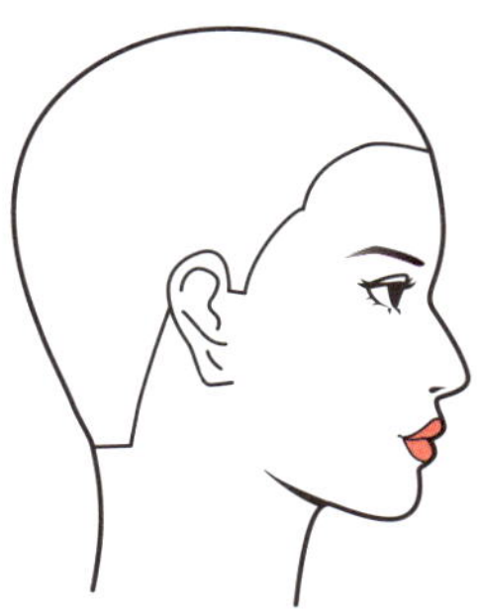

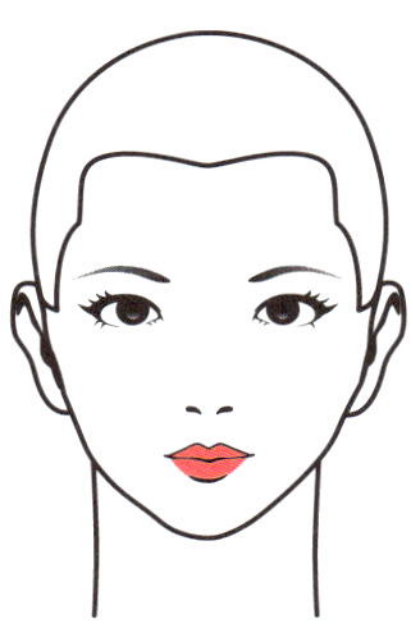

실습 사진 앞	실습 사진 뒤
실습 사진 좌측면	실습 사진 우측면

실습 후 느낀점

사례 제시

※ 희망 디자인에 따른 이미지를 스크랩 해 봅시다.

image style	image style

테크닉 포인트

-
-
-
-
-
-
-
-

프로세스

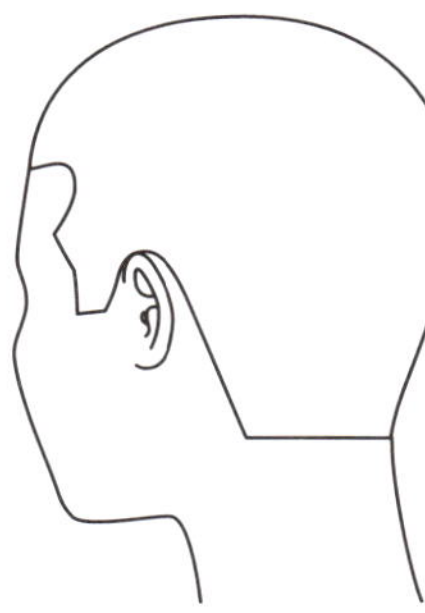

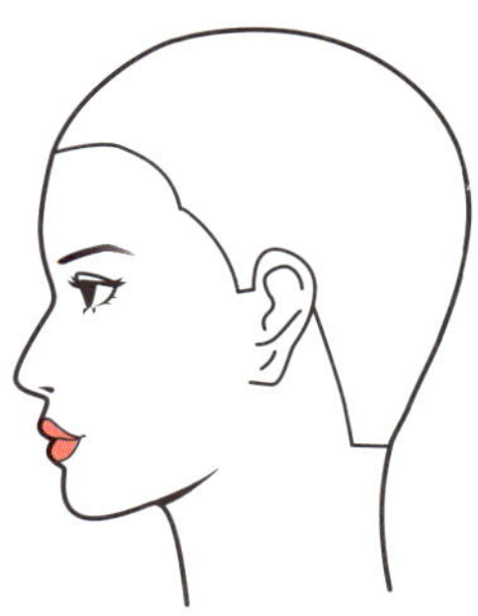

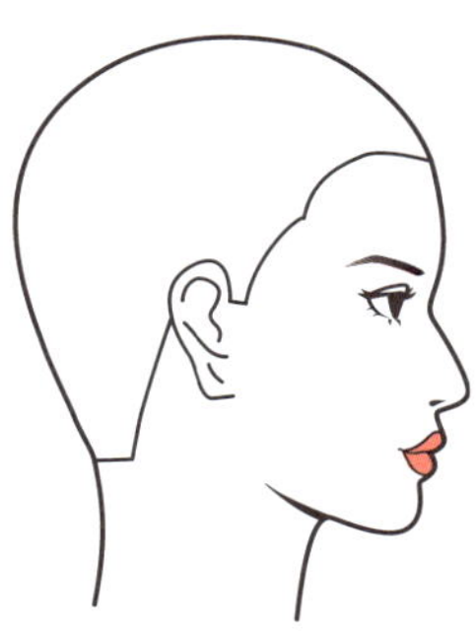

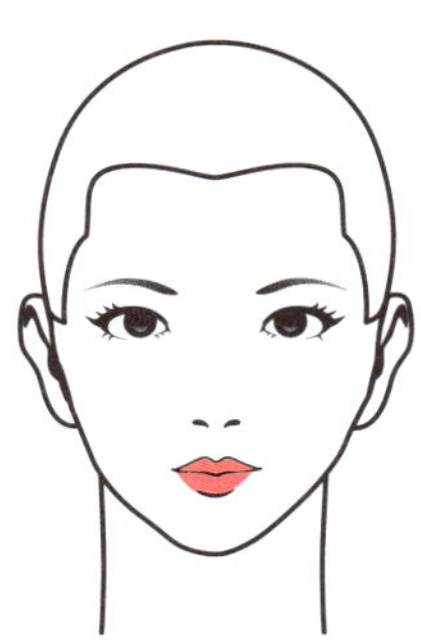

실습 사진 앞	실습 사진 뒤
실습 사진 좌측면	실습 사진 우측면

실습 후 느낀점

사례 제시

※ 희망 디자인에 따른 이미지를 스크랩 해 봅시다.

image style	image style

테크닉 포인트

-
-
-
-
-
-
-
-

프로세스

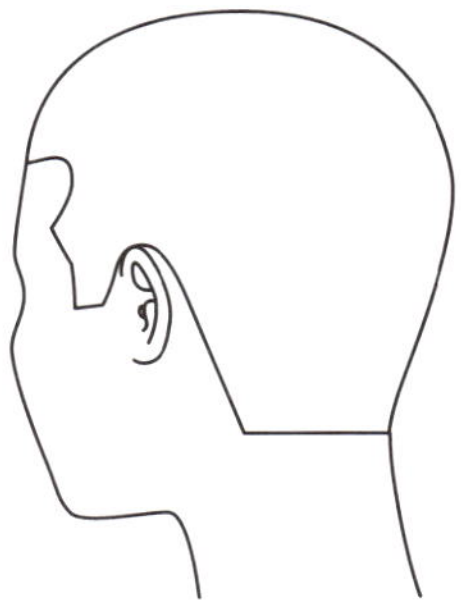

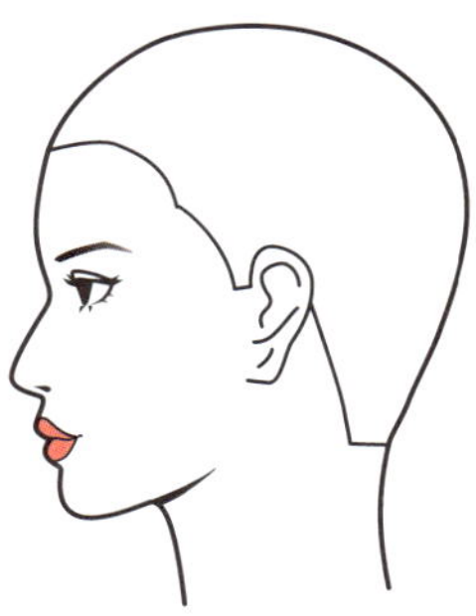

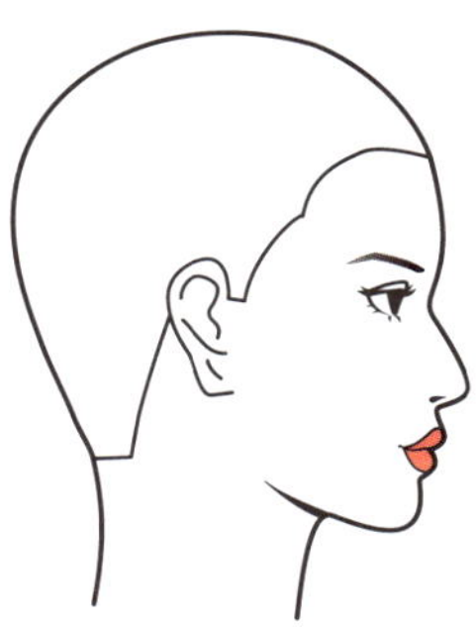

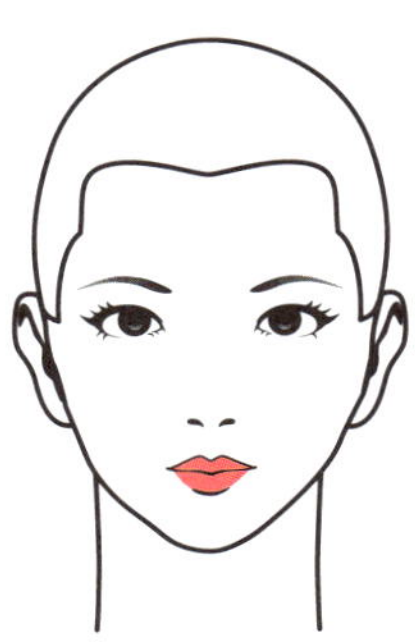

실습 사진 앞	실습 사진 뒤
실습 사진 좌측면	실습 사진 우측면

실습 후 느낀점

사례 제시

※ 희망 디자인에 따른 이미지를 스크랩 해 봅시다.

image style	image style

테크닉 포인트

-
-
-
-
-
-
-
-

프로세스

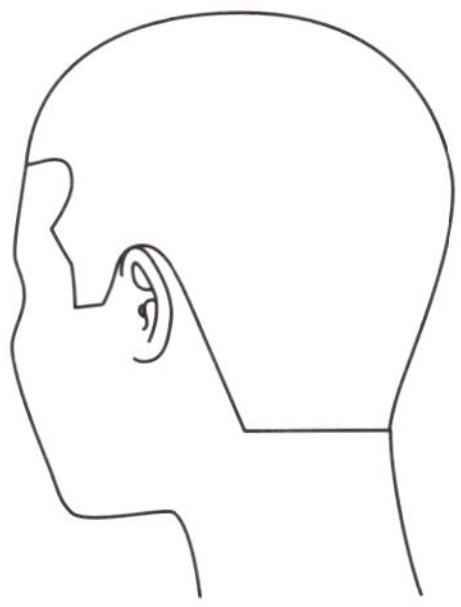

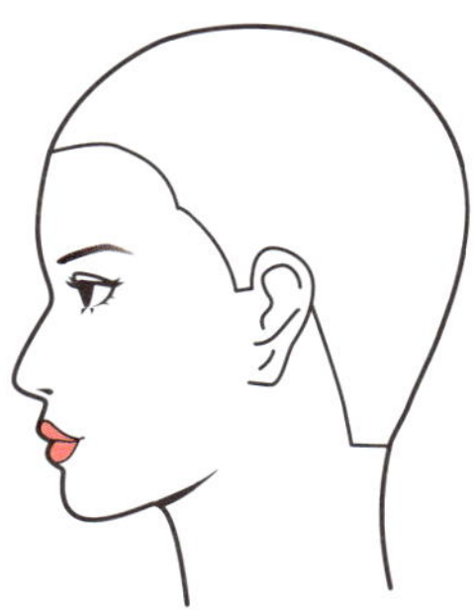

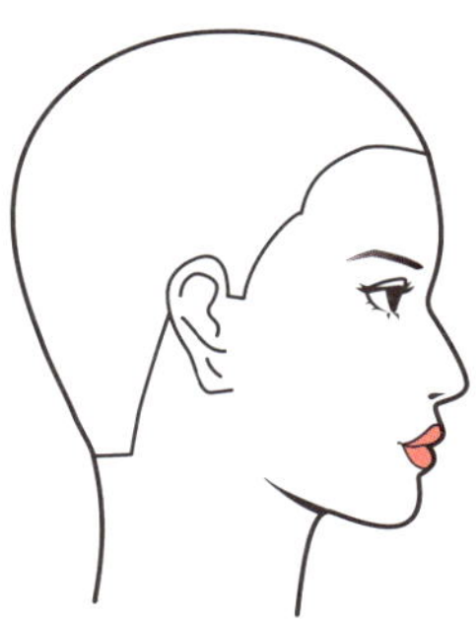

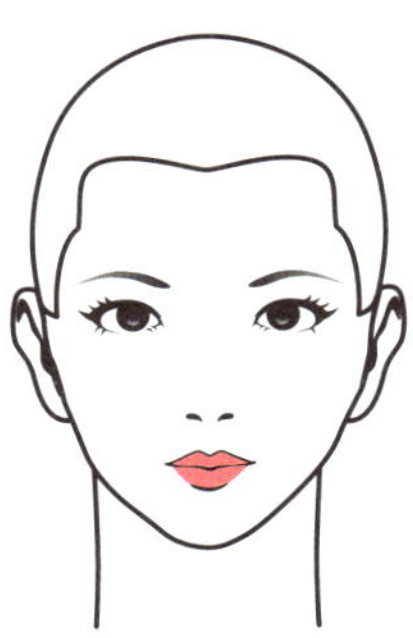

실습 사진 앞	실습 사진 뒤
실습 사진 좌측면	실습 사진 우측면

실습 후 느낀점

2 퍼머넌트 웨이브 디자인 유형(팀워크실습)

사례 제시

※ 희망 디자인에 따른 이미지를 스크랩 해 봅시다.

image style	image style

테크닉 포인트

-
-
-
-
-
-
-
-

팀원 구성

학번	이름

팀원별 역할에 따른 업무

디자이너역	파트너역
•	•
•	•
•	•
•	•
•	•
•	•
•	•
•	•
•	•
•	•
•	•
•	•

프로세스

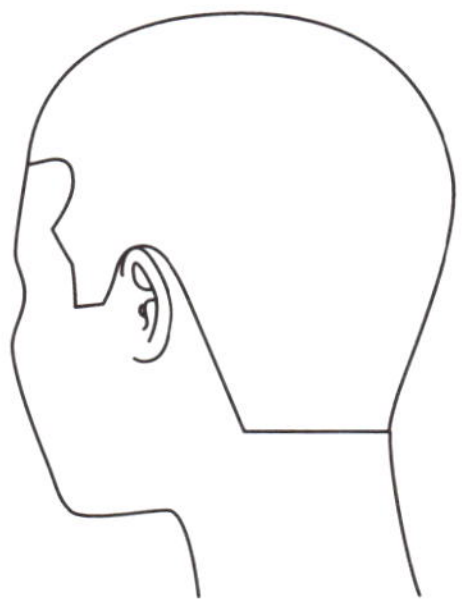

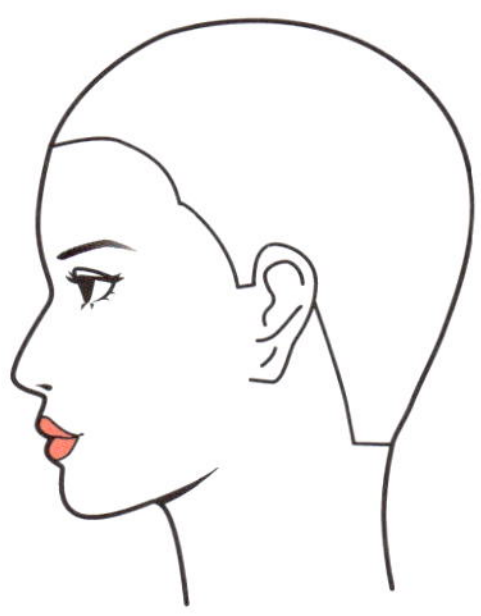

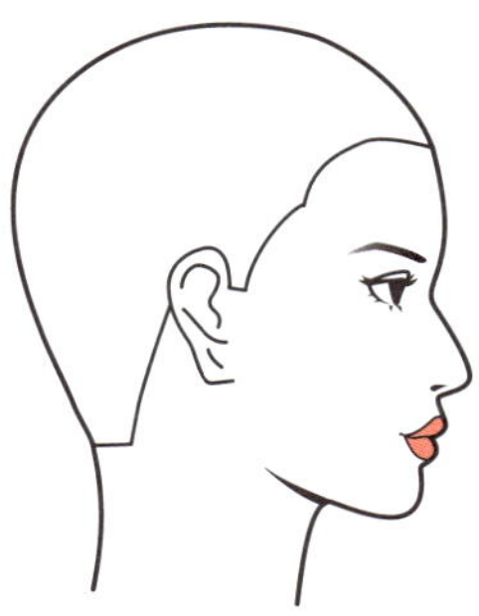

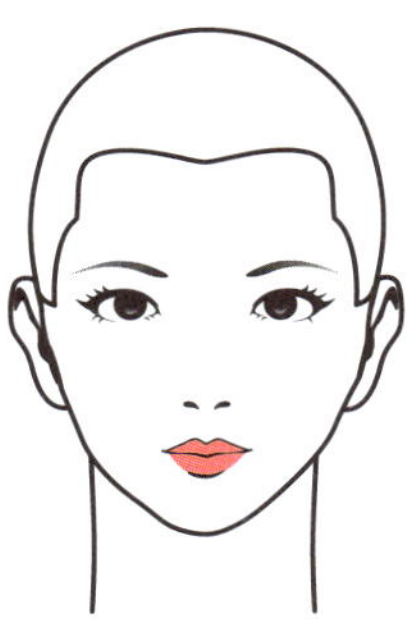

실습 사진 앞	실습 사진 뒤
실습 사진 좌측면	실습 사진 우측면

실습 후 느낀점

사례 제시

※ 희망 디자인에 따른 이미지를 스크랩 해 봅시다.

image style	image style

테크닉 포인트

-
-
-
-
-
-
-
-

팀원 구성

학번	이름

팀원별 역할에 따른 업무

디자이너역	파트너역
•	•
•	•
•	•
•	•
•	•
•	•
•	•
•	•
•	•
•	•
•	•
•	•

프로세스

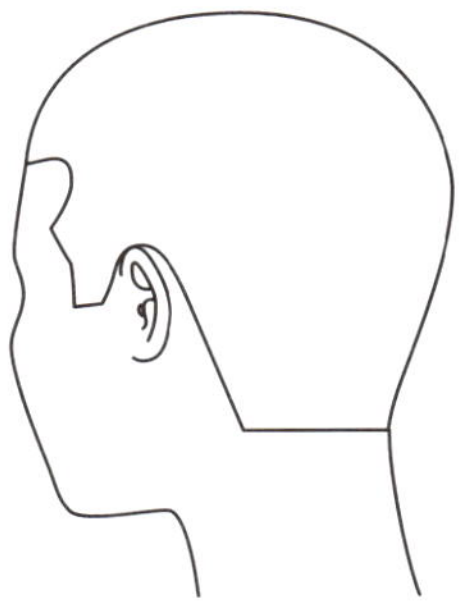

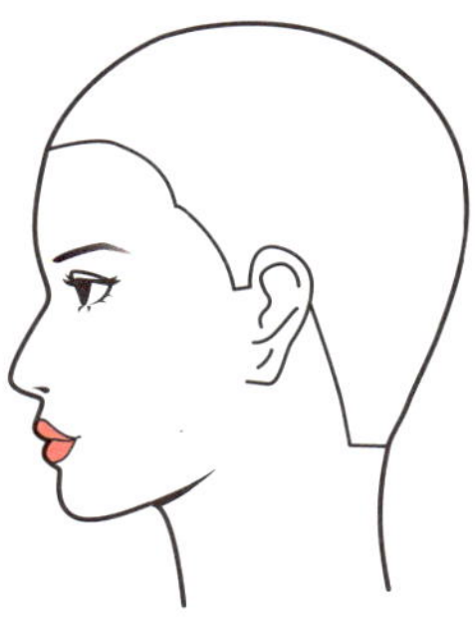

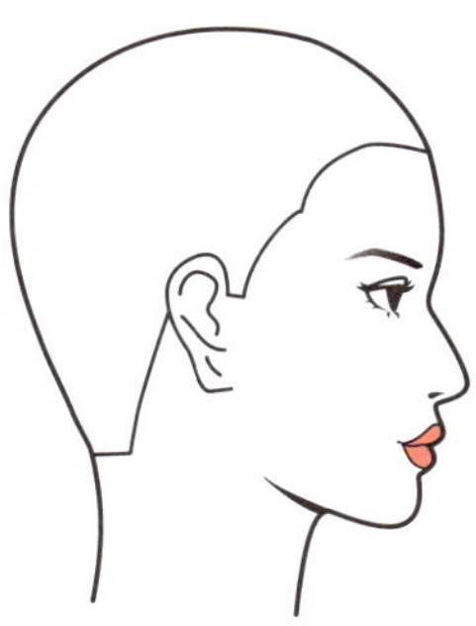

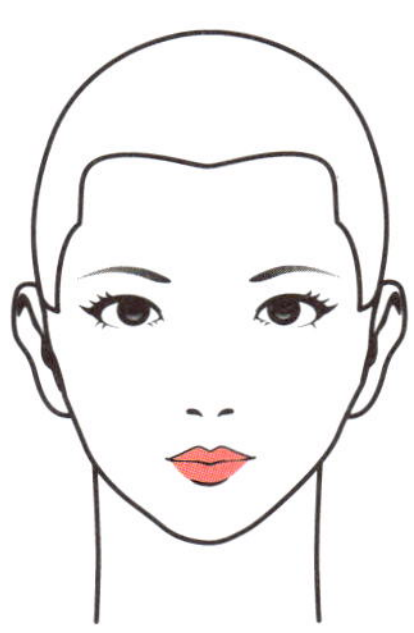

실습 사진 앞	실습 사진 뒤
실습 사진 좌측면	실습 사진 우측면

실습 후 느낀점

사례 제시

※ 희망 디자인에 따른 이미지를 스크랩 해 봅시다.

image style	image style

테크닉 포인트

-
-
-
-
-
-
-
-

팀원 구성

학번	이름

팀원별 역할에 따른 업무

디자이너역	파트너역
•	•
•	•
•	•
•	•
•	•
•	•
•	•
•	•
•	•
•	•
•	•
•	•

______________ 프로세스

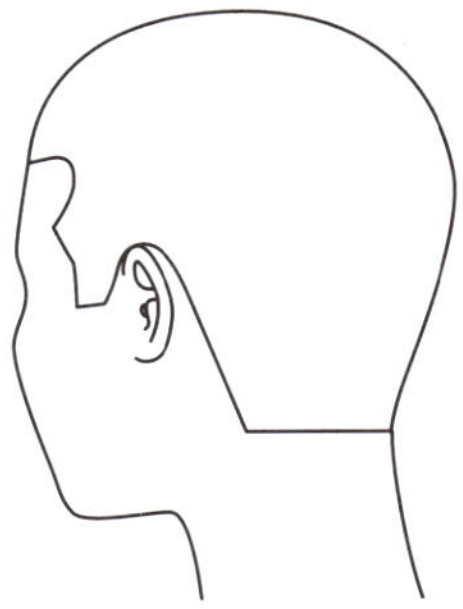

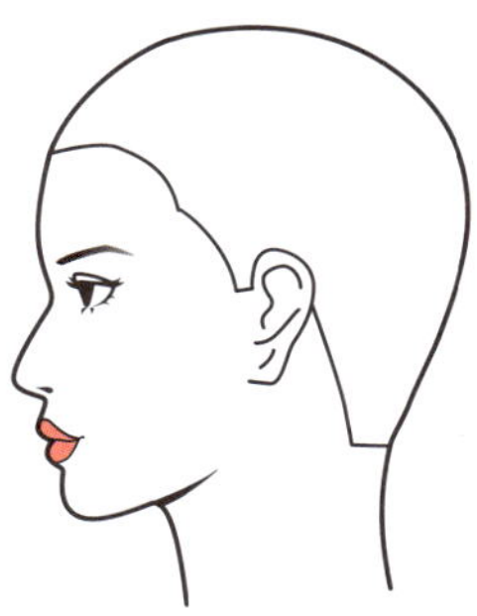

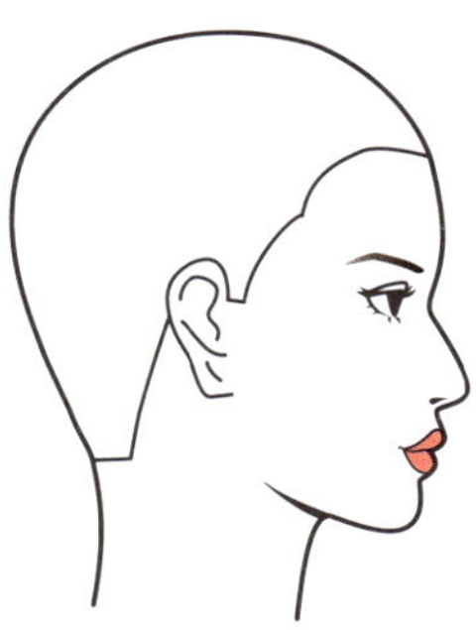

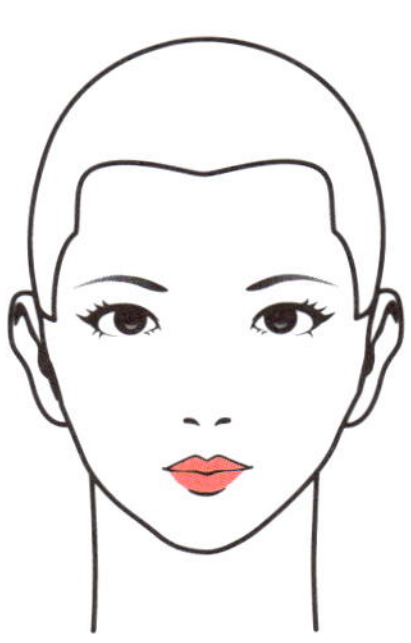

실습 사진 앞	실습 사진 뒤
실습 사진 좌측면	실습 사진 우측면

실습 후 느낀점

사례 제시

※ 희망 디자인에 따른 이미지를 스크랩 해 봅시다.

image style	image style

테크닉 포인트

-
-
-
-
-
-
-
-

팀원 구성

학번	이름

팀원별 역할에 따른 업무

디자이너역	파트너역
•	•
•	•
•	•
•	•
•	•
•	•
•	•
•	•
•	•
•	•
•	•
•	•

프로세스

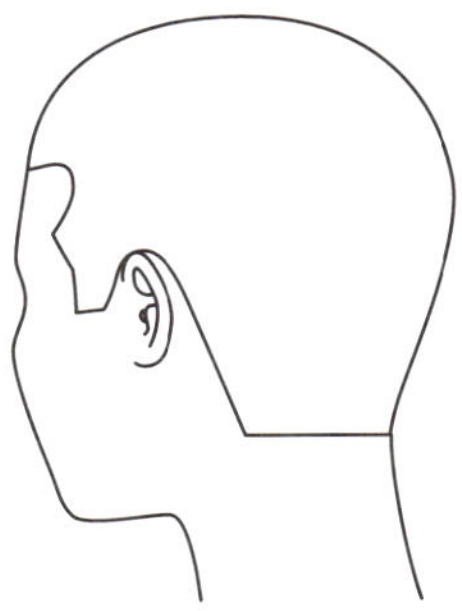

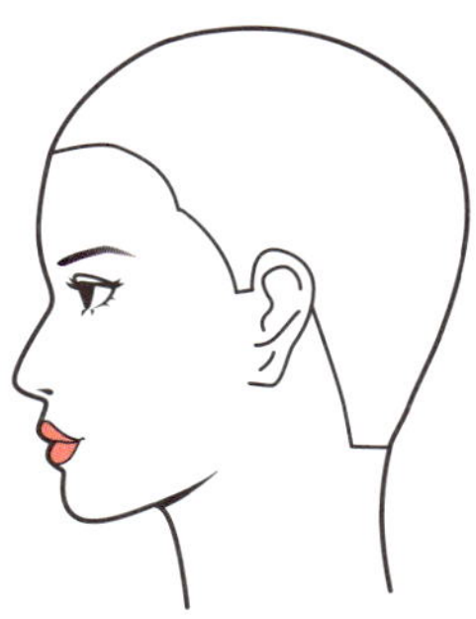

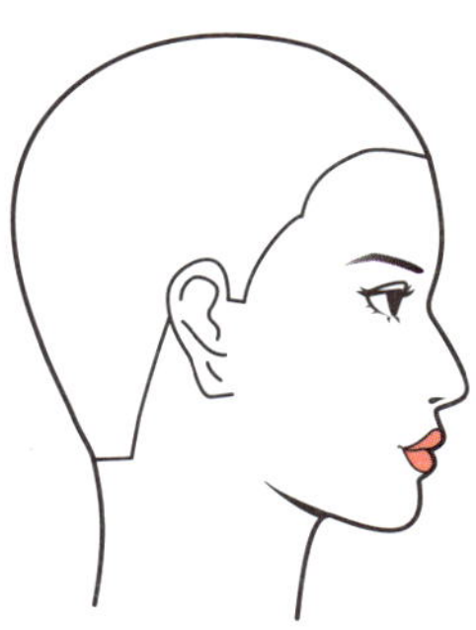

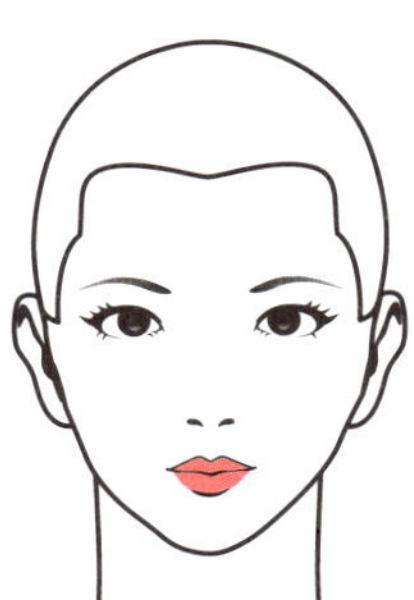

실습 사진 앞	실습 사진 뒤
실습 사진 좌측면	실습 사진 우측면

실습 후 느낀점

사례 제시

※ 희망 디자인에 따른 이미지를 스크랩 해 봅시다.

image style	image style

테크닉 포인트

-
-
-
-
-
-
-
-

팀원 구성

학번	이름

팀원별 역할에 따른 업무

디자이너역	파트너역
•	•
•	•
•	•
•	•
•	•
•	•
•	•
•	•
•	•
•	•
•	•
•	•

프로세스

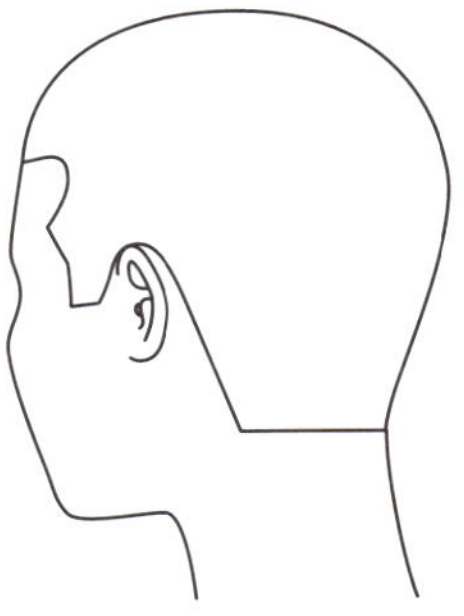

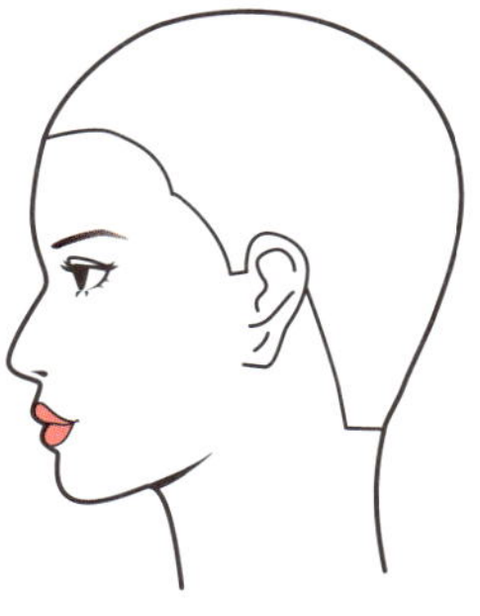

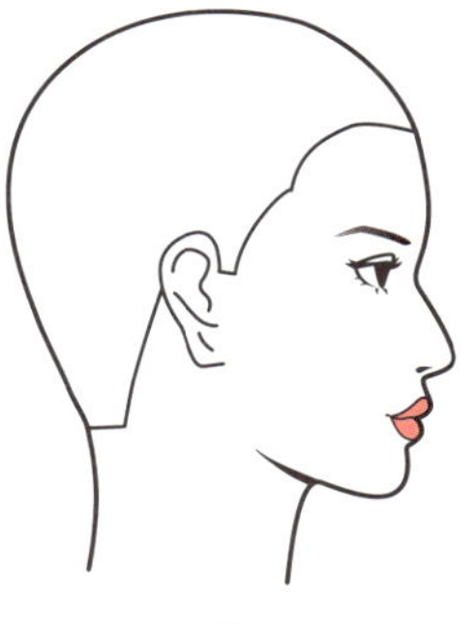

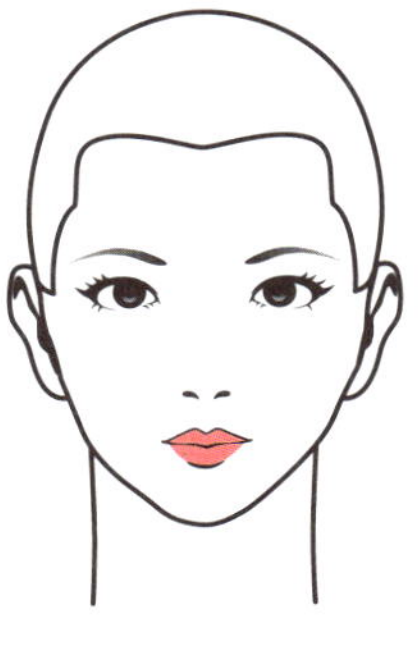

실습 사진 앞	실습 사진 뒤
실습 사진 좌측면	실습 사진 우측면

실습 후 느낀점

MEMO

08

부록 VI

미용사(일반) 기능사 국가기술자격기준 (헤어 퍼머넌트 웨이브편)

Permanent Wave Workbook

※ 본 자료는 http://www.q-net.or.kr/에 게시된 자료를 바탕으로 재구성하였습니다.
(게시일 : 2019. 09. 20 : 2020년 미용사(일반) 공개문제관련)

국가기술자격 실기시험문제(1)

자격종목	미용사(일반)	과제명	헤어 퍼머넌트 웨이브

비번호 :

※ 시험시간 : 35분

1. 요구사항

※ 지참 재료 및 도구를 사용하여 아래의 요구사항대로 헤어 퍼머넌트 웨이브를 완성하시오.

1) 다음 유형 중 시험위원이 지정하는 형을 시술하시오.

형별	스타일	요구 작업 내용	비고
1	기본형	– 블로킹 9등분 (시험위원이 지정하는 등분으로 할 것) – 고무 밴딩 기법은 반드시 11자형으로 하여야 합니다. – 로드는 55개 이상을 사용하되, 두상 전체에 알맞은 규격의 로드를 각 부위에 따라 적당히 배치해야 합니다. – 와인딩된 로드는 두피와의 각도 및 텐션에 무리가 없도록 하여야 합니다.	– 한 번 와인딩한 로드는 다시 풀어서는 안됩니다. – 전체적인 작업순서를 정확히 지키시오.

2. 수험자 유의사항

1) 블로킹 작업 시 시술하기에 알맞게 젖은 모발에 작업하시오.
2) 유형(기본형, 혼합형)에 따라 와인딩 과정의 절차에 맞게 작업하시오.
3) 와인딩 작업 시 로드의 사용개수는 기본형의 경우 55개 이상, 혼합형의 경우 57개 이상으로 하되 로드 크기(호수)는 기본형의 경우 6호, 7호, 8호, 9호, 10호를, 혼합형의 경우 6호, 7호, 8호를 골고루 사용하여 영역 또는 블로킹이 도면과 같이 배열되게 하시오.
4) 블로킹(영역) 및 베이스 크기(직경)에 맞게 각각의 절차에 따라 정확히 시술하시오.
5) 요구사항에서 제시하지 않은 헤어스타일링 제품 및 도구를 사용할 수 없습니다.
6) 시험시간 종료 후에는 빗질 등을 하면서 작품 및 도구를 만져서는 안 됩니다.
7) 채점이 종료된 후 시험위원의 지시에 따라 다음 시술준비를 해야 합니다.

3. 미용사(일반) 기능사 국가기술자격 기준에 따른 준비

구분	내용
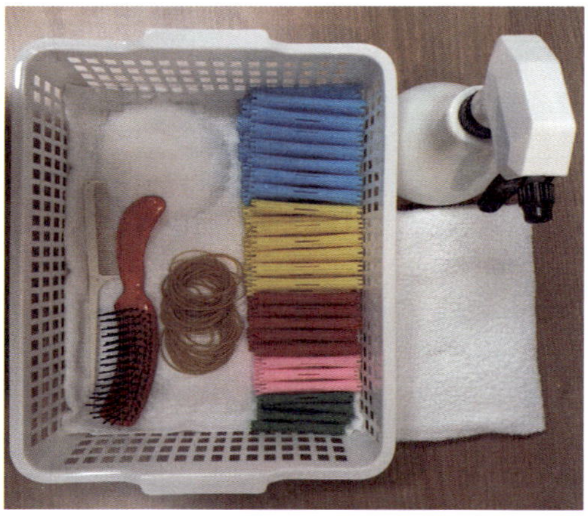	

4. 블로킹별 로드 수

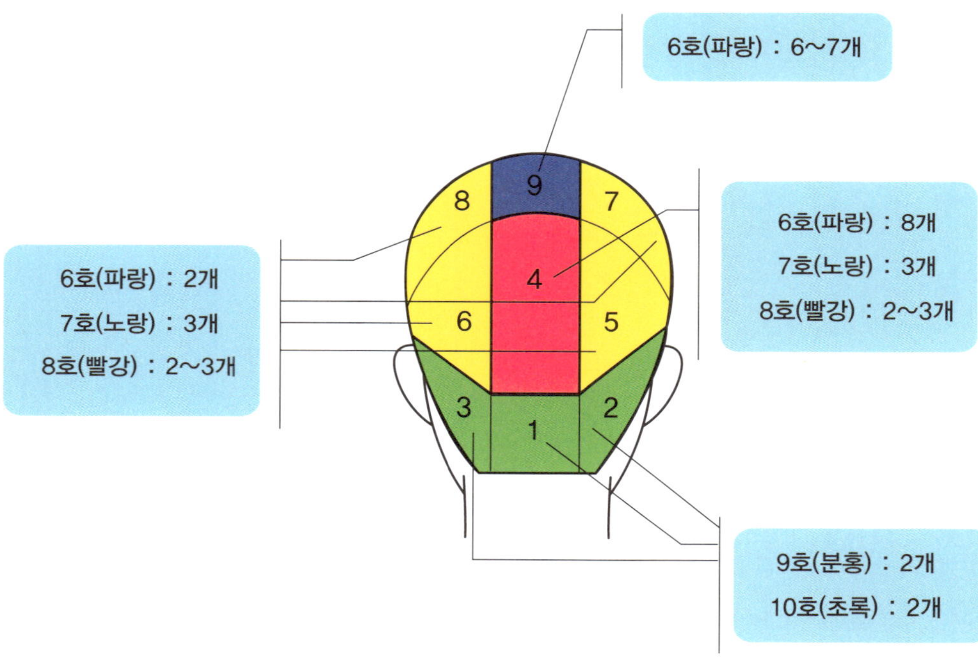

최소 로드 수 : 55개 이상

5. 도면

자격종목	미용사(일반)	과제명	헤어 퍼머넌트 웨이브	척도	NS

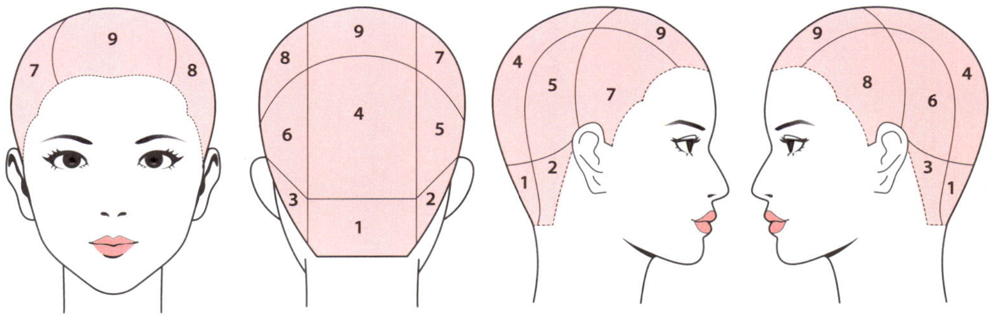

[그림] 제1형 - 블로킹, 와인딩 순서

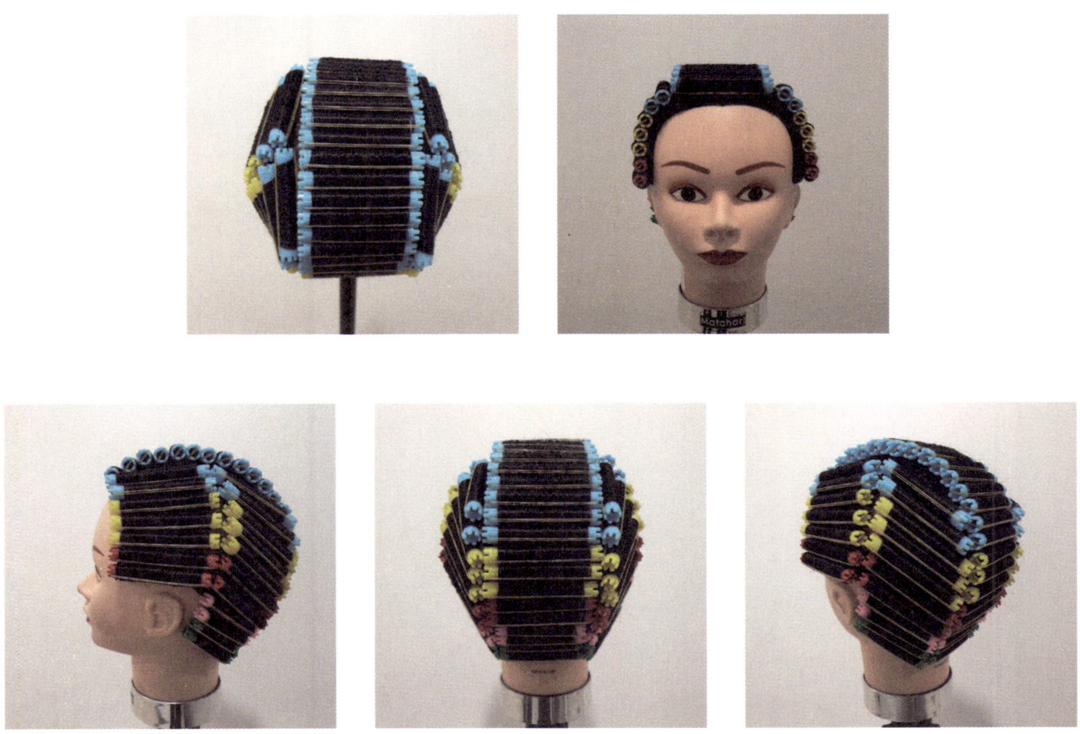

[그림] 제1형 - 기본형(9등분)

MEMO

국가기술자격 실기시험문제(2)

자격종목	미용사(일반)	과제명	헤어 퍼머넌트 웨이브

비번호 :

※ 시험시간 : 35분

1. 요구사항

※ 지참 재료 및 도구를 사용하여 아래의 요구사항대로 헤어 퍼머넌트 웨이브를 완성하시오.

1) 다음 유형 중 시험위원이 지정하는 형을 시술하시오.

형별	스타일	요구 작업 내용	비고
2	혼합형	– 블로킹은 4영역(1단 : 약 7.5cm, 2단 : 약 4.5cm, 3단 : 약 4.5cm, 4단 : 약 7.5cm 정도)으로 블록을 만드시오. – 1영역은 프론트 센터파트를 한 후 왼쪽에서 시작(마네킹 관점)하여 오른쪽 방향으로 와인딩 하시오. – 2영역은 1영역이 끝난 지점에 이어서 오른쪽에서 왼쪽 방향으로 두피면에 대하여 45° 또는 그 이상의 각도로서 두상의 곡면에 따라 자연스럽게 와인딩하시오. – 3영역은 2영역이 끝난 지접에 이어서 왼쪽에서 오른쪽 방향으로 오블롱 형태가 되도록 와인딩하시오. – 4영역은 벽돌쌓기(원 – 투 기법) 형태가 되도록 와인딩하시오.	– 블로킹은 전두부에서 후두부로 가로 4개의 영역으로 구분하시오(단, 제1영역은 센터파트가 끝난 지점에서 약 7.5cm 정도 폭을 갖도록 작업하시오. – 블로킹(영역) 순서와 같이 와인딩하시오.

2. 수험자 유의사항

1) 블로킹 작업 시 시술하기에 알맞게 젖은 모발에 작업하시오.
2) 유형(기본형, 혼합형)에 따라 와인딩 과정의 절차에 맞게 작업하시오.
3) 와인딩 작업 시 로드의 사용개수는 기본형의 경우 55개 이상, 혼합형의 경우 57개 이상으로 하되 로드 크기(호수)는 기본형의 경우 6호, 7호, 8호, 9호, 10호를, 혼합형의 경우 6호, 7호, 8호를 골고루 사용하여 영역 또는 블로킹이 도면과 같이 배열되게 하시오.
4) 블로킹(영역) 및 베이스 크기(직경)에 맞게 각각의 절차에 따라 정확히 시술하시오.
5) 요구사항에서 제시하지 않은 헤어스타일링 제품 및 도구를 사용할 수 없습니다.
6) 시험시간 종료 후에는 빗질 등을 하면서 작품 및 도구를 만져서는 안 됩니다.
7) 채점이 종료된 후 시험위원의 지시에 따라 다음 시술준비를 해야 합니다.

3. 미용사(일반) 기능사 국가기술자격 기준에 따른 준비

구분	내용
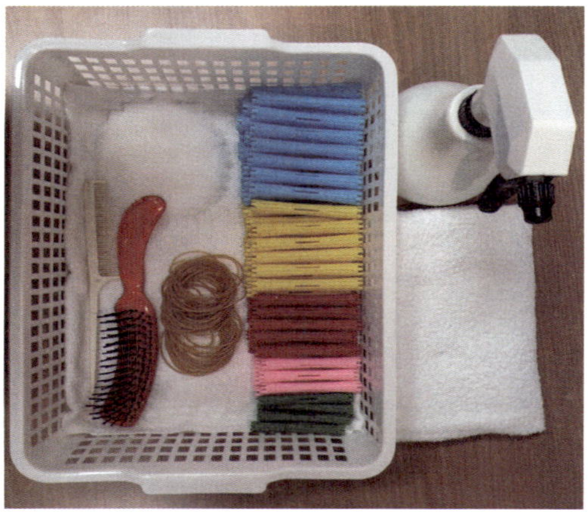	

4. 블로킹별 로드 수

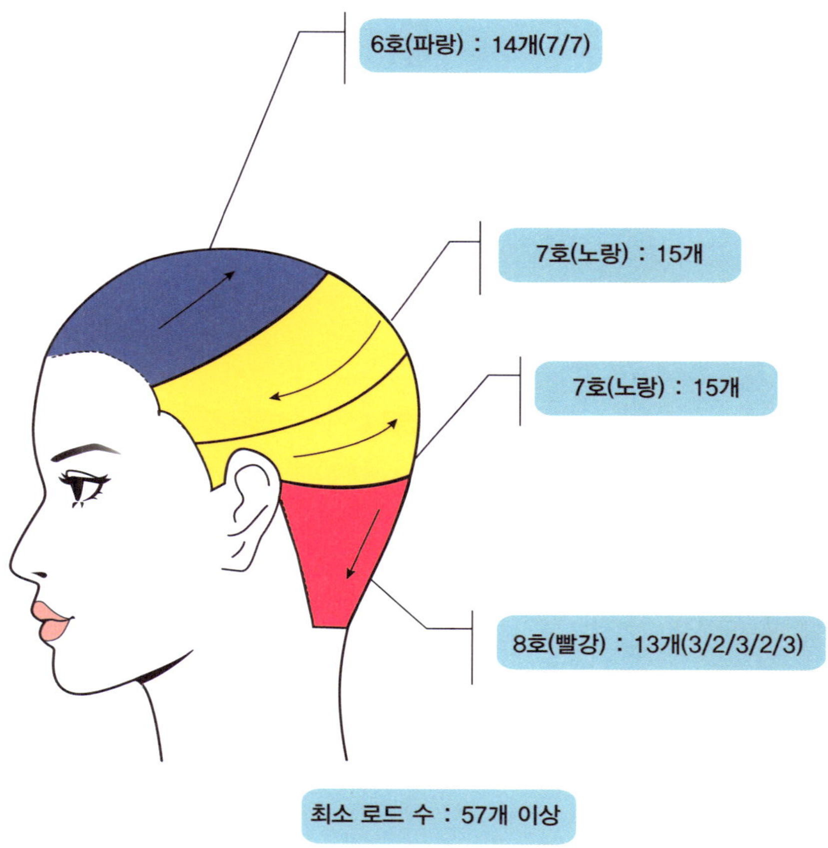

5. 도면

자격종목	미용사(일반)	과제명	헤어 퍼머넌트 웨이브	척도	NS

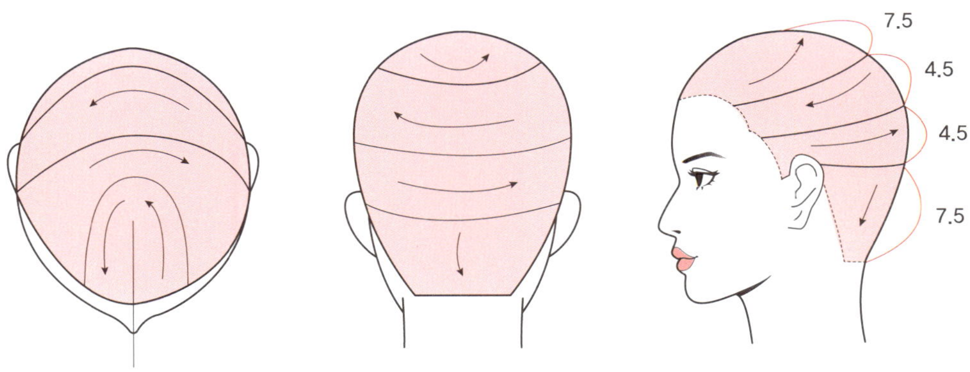

[그림] 제2형 – 블로킹 및 와인딩 방향

[그림] 제2형 – 혼합형

MEMO

MEMO

<참고문헌>

- 퍼머넌트 헤어 웨이브 디자인 / 고경숙 외(2004), 훈민사
- 퍼머넌트 웨이브 / 임대진(2019), 구민사
- 퍼머넌트 웨이브 / 김주섭 외(2020), 구민사
- 미용사(일반)실기/ 안소은 외(2019), 구민사
- 차홍 아카데미 토탈 헤어 매뉴얼 / 차홍 아카데미(2016), ㈜시드페이퍼

<저자약력>

김미정

- 미용기능장
- 대구보건대학교 뷰티코디네이션과

홍정아

- 미용기능장
- 대구공업대학교 헤어디자인과

퍼머넌트 웨이브 실전 워크북

초판인쇄 | 2020년 8월 01일
초판발행 | 2020년 8월 10일

저　　자 | 김미정·홍정아
발 행 인 | 조규백
발 행 처 | 도서출판 구민사

전　　화 | (02) 701-7421(~2)
팩　　스 | (02) 3273-9642
홈페이지 | www.kuhminsa.co.kr

신고번호 | 제2012-000055호(1980년 2월 4일)
I S B N | 979-11-5813-856-1 [93590]
정　　가 | 16,000원